혼자, 함께 걷는 길

Camino de Santiago

혼자, 함께 걷는 길

발행일 2015년 12월 4일

글·사진 이 대 희
펴낸이 손 형 국
펴낸곳 (주)북랩
편집인 선일영 편집 서대종, 김아름, 권유선, 김성신
디자인 이현수, 신혜림, 윤미리내, 임혜수 제작 박기성, 황동현, 구성우
마케팅 김회란, 박진관
출판등록 2004. 12. 1(제2012-000051호)
주소 서울시 금천구 가산디지털 1로 168, 우림라이온스밸리 B동 B113, 114호
홈페이지 www.book.co.kr
전화번호 (02)2026-5777 팩스 (02)2026-5747

ISBN 979-11-5585-842-4 03980(종이책) 979-11-5585-843-1 05980(전자책)

이 도서의 국립중앙도서관 출판예정도서목록(CIP)은 서지정보유통지원시스템 홈페이지(http://seoji.nl.go.kr)와 국가자료공동목록시스템(http://www.nl.go.kr/kolisnet)에서 이용하실 수 있습니다.
(CIP제어번호 : CIP2015032867)

눈으로 걷는 산티아고 순례길

혼자, 함께 걷는 길

Camino de Santiago

이대희 글·사진

북랩book Lab

목 차

Camino de Santiago

프롤로그

내가 걸었던 순례길을 되새기며 정리한다는 게 일이 커져 버렸다. 그래서 조금은 겁도 나고 이렇게까지 해야 하나 싶은 생각도 있지만, 굳이 일을 벌여보기로 했다. 이유는 단순하다. 책 한 권 써 보는 것이 나의 버킷 리스트에 있었기 때문이다. 단순한 마음으로 시작한 이 일을 매듭짓는 것은 생각보다 쉽지 않았다. 길에서 찍은 사진과 메모를 돌려 보며 그때의 감정과 생각을 다시 글로 담아내려고 하니 생각만큼 표현이 잘 안 된다.

성숙함을 담고 싶었으나 서투름이 담겼다. 깊은 묵상을 담고 싶었으나 얕은 생각이 담겼다. 사색을 담고 싶었으나 현상이 담겼다. 그럼에도, 이 글에는 내가 추억하고 싶은 순간이 담겨 있다. 글로 담아낸 액자라고 생각해 주시면 감사하겠다. 유치원에서 아이가 낙서를 그려 왔을 때 부모의 눈에는 그림으로, 작품으로 보이듯이 넓은 아량을 가지고 내가 담아 온 순간을 함께 감상하며 순례에 동참해 주셨으면 하는 작은 바람을 가져 본다.

나와 함께 걸었던 친구들이 없었다면 이 책은 쓰이지 못했을 것이다. 함께 걸으며 순례길을 땅에서 이루는 하늘나라로 만들어 갔던 모든 분께 감사 드린다. 특히 에피소드 대부분을 함께 겪으며 걸었던 엉클 탐은 이 책의 공동 저자라고 봐도 될 정도로 많은 영감을 주신 분이다. 까미노 친구로, 때로는 큰 형님으로, 때로는 삼촌으로, 그리고 목회 선배로 함께 걸으며 좋은 말동무가 되어 주신 토마스 목사님께 감사드린다. 또한 이 길을 걷는 동안 이름을 일일이 열거하기 어려울 정도로 많은 분께서 응원의 말을 보내 주셨다. 어떤 분들은 말없이 이 순례를 위해 기도해 주셨다고 한다. 관심을 주신 모든 분 덕분에 건강하게 순례를 잘 마칠 수 있었다. 지면을 빌려 감사의 인사를 올린다.

"영영 부를 나의 찬송 예수 인도하셨네!" 모든 영광은 하나님이 받으셔야 마땅하다. 걷게 하신 분도 주님이시고, 걸을 수 있게 하신 분도 주님이시다. Praise The LORD!

Camino de Santiago

길에 오르기 전

#1.
내가 까미노에 오르게 된 이유

산티아고 순례길을 알게 된 것은 2011년 말 즈음이다. 입대를 앞두고 있던 나는 입대 전에 여행해야겠다는 막연한 생각을 품고 인터넷은 물론이고 서점을 돌아다니며 여행과 관련된 책을 통해 여러 정보를 수집했다. 그러던 중 이색적인 여행 상품을 판매하던 한 사이트를 통해 '산티아고 순례길'이 있다는 사실을 알게 되었다. 다른 여행 상품들보다 기간도 길고 가격도 저렴했기에 눈에 들어왔다. 하지만 '어차피 군대 가서 고생할 텐데 굳이 미리 고생할 필요가 있겠어?'라는 생각을 하며 순례길에 대해서는 잠시 잊고 있었다.

순례길이 다시 내 머릿속에 들어온 것이 정확히 언제인지는 모르겠다. 하지만 군에 입대한 후 여러 차례의 행군을 거치면서 걷는 것이 괴롭지만 동시에 다른 곳에서 느끼는 것과는 또 다른 성취감을 준다는 사실을 깨달았다. 그리고 나도 모르는 사이에 산티아고 순례길이 다시 내 머릿속에 들어왔다. '그 길은 대체 어떤 길일까?'

다시 한 번 검색했다. 산티아고Santiago는 '성 야고보'라는 뜻이다. 예수의 열두 제자 중 하나인 세베대의 아들 야고보가 복음을 전하기 위해 걸었던 길이라고 한다. 교황 알렉산더 3세에 의해 로마 가톨릭 교회의 성지로 지정되었기 때문에 로마 가톨릭 교회 신자들에게 있어서 이 길은 단순한 트레킹 코스가 아닌 성지순례다. 하지만 반드시 종교적인 의미만 있는 곳은 아니다. 유럽의 문화유산으로도 등재되어 있을 뿐만 아니라 1993년에는 유네스코 세계문화유산에도 올랐다. 여기에 파울로 코엘료가 쓴 『연금술사』가 전 세계적으로 밀리언셀러가 되면서 순례길은 종교적인 의미뿐만 아니라 수많은 사람이 각자 자신만의 의미를 가지고 찾아오는 길이 되었다.

잊었다가 다시 떠올리긴 했지만, 처음부터 내가 어떤 의미를 가지고 순례길을 걷겠다고 생각한 것은 아니다. 단순히 걷는 것을 좋아하기 때문에 걷는 여행을 하고 싶다는 것이 이유의 전부였다. 그렇게 3년을 막연히 가겠다고만 생각하다가 마침내 2015년이 되었다. 2015년은 전역하는 해였다. 절대 오지 않을 것 같았던 시간이 마침내 다가왔다. 막연한 계획을 이제는 구체화할 필요가 있다고 생각했다. 먼저 이 여행의 이유를 생각했다. '나는 왜 이 길을 걸으려고 할까?'

첫 번째 이유는 군 생활을 완전히 정리하고자 함이다. 나는 학사 장교로 임관하여 3년 간 군 복무를 했다. 좋은 지휘관과 선후

배, 부하들을 만났기에 행복한 군 생활을 했다고 자부하지만 한편으로는 내가 한 번도 겪어 보지 못한 또 다른 사회를 경험하는 시간이었기에 필요 이상으로 군대라는 사회에 물들어 버렸다. 군대에서의 사고방식은 군대에서 필요한 것이다. 순례길을 걸으면서 나는 자연스레 다양한 사람들과 대화를 하게 될 것이고, 이 과정에서 그동안 갇혀 있던 사고가 다시금 깨어날 것이다.

두 번째 이유는 목회의 길을 걷기에 앞서 다시 한 번 마음을 잡을 필요가 있었기 때문이다. 나는 학부에서 신학을 전공했다. 그리고 아무런 고민 없이 신학대학원으로 진학했다. 군 복무로 인해 대학원 과정은 아직 시작도 안 했지만, 미리 입학해 두었기에 학적은 '휴학'이다. 가야 할 곳이 정해져 있다는 것은 어찌 보면 복이다. 하지만 나는 그 길이 험난한 길이라는 것을 알고 있으므로, 과연 충분한 각오가 되어 있는가에 대해서는 자신 있게 대답할 수가 없었다.

'목회자의 길은 고생길이다.', '가시밭길이다.', '누가 봐도 전망이 어둡다.' 등의 이야기를 하면서 현실을 잘 알고 있는 '척' 했지만, 나의 속마음은 '이왕이면 큰 교회에서 목회하고 싶다.', '나는 설교를 잘 할 거야.', '청중이 많은 강단에서 설교하고 싶다.'는 생각을 하며 무대 위의 화려함을 좇고 있었다. 그렇기에 다시 한 번 더 스스로 질문을 던질 필요가 있었다. 김남준 목사님의 책 제목과도 같은 질문이다.

'자네 정말 그 길을 가려나.'

세 번째 이유는 지금 내가 가장 걷기 좋은 체력을 가지고 있기 때문이다. 군 생활은 나에게 육체적 고통을 주기도 했지만 이를 통해 강인한 체력을 갖게 해 주었다. 갈 수 있을 때 가야 한다. 한 번 해 본 일은 또 할 수 있지만 할 수 있을 때 못 해 놓고 나중에 하려고 하면 엄두가 안 나기 마련이다. 그러므로 가장 좋은 때는 바로 지금이다.

이 정도면 이유는 충분해 보였다. 그래서 나는 조금은 이르게 순례길에 오를 채비를 하기 시작했다.

#2.
순례길 준비하기

일반적으로 비행기 표를 가장 싸게 구매할 수 있다고 하는 시기는 비행 3개월 전이다. 하지만 나는 마음이 앞섰기 때문에 8개월 전인 1월에 표를 예매했다. 직항은 비쌌기 때문에 1회 경유하는 항공권을 고르기로 했다. 시간이 없는 사람들에게는 직항이 좋겠지만 나처럼 시간적 여유가 넉넉한 사람들에게는 경유가 오히려 나을 수도 있다. 한 도시를 공짜로 더 여행할 기회이기 때문이다.

갈 때는 환승 시간을 최대한 적게 잡았지만, 귀국 편에는 일부러 경유 시간을 최대한 길게 잡았다. 무려 20시간이다. 귀국 편의 경유지는 독일의 '뮌헨'이다. 20시간이면 뮌헨을 어느 정도 맛보고 올 수 있다. 이러한 계획을 짜는 시점이 여행까지 무려 8개월이나 남았을 때라는 점이 조금 걸리지만 대단한 변동 사항이 있지는 않으리라는 대담한 생각을 했다.

경유도 경유지만 가장 중요한 것은 출발일과 귀국일을 정하는 것이다. 마침 내가 사둔 책에서 약 30일 정도 일정으로 순례길을 소개하고 있었기 때문에, 생장피에드포르St. Jean Pied de Port에서 산티아고 데 콤포스텔라Santiago de Compostela까지 넉넉하게 32일로 잡았고, 이왕 간 김에 끝까지 가 보자는 생각으로 산티아고에서 피스테라까지 4일 일정을 추가로 잡아서 총 36일의 순례 일정을 잡았다. 여기에 여행 계획을 추가시키니 총 50일이다. 내가 까미노를 갈 수 있는 시간은 7월부터 12월 사이인데 이 기간 중 까미노를 걷기에 가장 좋은 시기는 9월쯤이라고 한다. 그래서 9월부터 10월에 걸쳐 순례길을 걷기로 했고, 그 결과 8월 31일에 출국해서 10월 21일에 귀국하는 일정으로 비행기 표를 예약했다.

시작이 반이라고 했던가. 비행기 표를 예약하고 나니 이제 정말 내가 그렇게도 가고 싶어 하던 순례길을 간다는 것이 조금씩 실감 나기 시작했다. 그래서일까? 준비도 일사천리로 진행되었고, 언제 얼마나 걸을지에 대해서까지 어느 정도 계획을 잡을 수 있었다. (물론 이 계획은 길 위에서 상당히 변경되었다.)

사실 순례길을 준비하는 데 있어서 준비물은 크게 중요하지 않다. 복장도 굳이 대단한 등산복을 준비할 필요가 없다. 순례길에서 보면 등산복으로 중무장한 사람들은 한국인들뿐이다. 그저 빨리 마르는 기능성 옷으로 준비하는 것이 좋다. 나도 등산복과 래시가드를 가져갔었는데 등산복보다는 래시가드를 더 선호하게 되었다. 어떤 사람은 청바지를 입고 걷는 사람도 있었다. 그렇게 하라고 권하고 싶지는 않지만 적어도 준비물에 절대적인 기준은 없다. 누군가에게는 꼭 필요한 것이 다른 누군가에게는 그리 필요하지 않을 수도 있다. 가져갈까 말까 고민이 되는 물건은 가져가지 않으면 된다. 그저 필요한 것들(예를 들어 배낭)만 챙겨 가고, 없는 것은 가서 사도 된다.

하지만 체력의 문제는 다르다. 미리 배낭을 메고 걸어 보는 것이 필요하다. 하루 이틀도 아니고 무려 30일 이상을 먹고, 자고, 걷는 생활로 보내야 하기 때문이다. 걷는 것 자체는 누구나 할 수 있다. 하지만 매도 먼저 맞는 게 낫다고, 물집도 미리 한 번 잡혀 보고 발을 걷는 것에 익숙하게 다져 놓는 것이 순례길에 오르는 데 있어서 큰 도움이 되리라 생각한다. 이때 신발은 반드시 자신이 신고 다닐 등산화 혹은 운동화를 신어 신발을 길들여 놓아야 가서 덜 고생한다.

내가 가장 많은 질문을 받았고, 나 또한 가장 궁금했던 것은 다름 아닌 비용 문제였다. 도대체 예산을 얼마나 잡아야 할까? 일반적으로 1㎞당 1유로라고 말을 한다. 걸어 보니 어느 정도 일리 있는 말이다. 생장부터 산티아고까지는 790㎞이니 이렇게 하면 790유로가 순례길에서의 예산이다. 환율을 1,300원이라고 치면 1,027,000원이다. 32일간의 여행 치고는 상대적으로 저렴한 비용이다. 다른 계산법은 하루에 30유로 정도로 예산을 잡는 것이다. 일반적으로 32일 정도 일정으로 걷는 사람들이 많으므로 이렇게 계산하면 960유로다. 한화로 1,248,000원이다. 처음에는 이 정도 가지고 과연 할 수 있을까 싶지만 충분하다!

론세스바예스 알베르게의 사무실. 내가 방을 배정받고 비용을 지불할 때 동전이 몇 센트 부족해 배낭에서 꺼내려 하자, 자원봉사자가 만류하며 지금 가지고 있는 돈만 달라고 했다. 처음으로 접한 알베르게에서 나는 순례의 정신이 무엇인지에 대해 다시 한 번 생각하게 되었다.

직접 만난 분은 아니지만 나와 같은 시기에 까미노를 걸던 한국인 중에 이탈리아에서 소매치기를 당해서 단돈 50유로를 제외한 모든 현금을 털린 분이 있다. 이 분도 수많은 고민을 했다고 한다. 까미노를 포기하고 다시 돌아갈 것인지 아니면 이대로 한 번 부딪혀 볼 것인지. 결국 그는 죽이 되든 밥이 되든 일단 해 보자는 마음으로 순례길을 걷기 시작했다고 한다.

수중에 가진 돈이라곤 50유로밖에 없으니 기부 제도로 운영되는 알베르게만을 찾아다녔다고 한다. 이를 위해서 기부 제도 알베르게가 나올 때까지 걸어야 했고, 이 과정은 순례를 더욱 순례답게 만들어 주었다. 기부 제도는 말 그대로 받은 만큼 내는 곳이기 때문에 무료라고 생각해서는 안 된다. 하지만 사정을 설명하니 그 어느 곳보다도 경청하며 더 편하게 쉴 수 있게끔 배려해 주었다고 한다. 이 사정을 들은 다른 외국인이 몰래 100유로를 손에 쥐여주기도 했단다. 이 분과 직접 대화를 나누어 보면 더 많은 이야기가 나오겠지만 대면하지 못한 것이 아쉬울 따름이다. 내가 마지막으로 이 분에 대해 들은 소식은 "내가 50유로를 가지고 순례를 시작했는데 지금 나한테 70유로가 있다."고 말하는 것을 들었다는 것이다.

돈 있다고 부유한 순례가 아니다. 어차피 돈 쓸 곳은 한정되어 있고, 쓰고 싶어도 상점조차 없는 마을도 있다. 돈 없다고 비참한 순례가 아니다. 시편에 나오는 순례자의 노래 "주님은 너를 지키시는 분, 주님은 네 오른쪽에 서서, 너를 보호하는 그늘이 되어 주시니, 낮의 햇빛도 너를 해치지 못하며, 밤의 달빛도 너를 해치지 못할 것이다."(시편 121, 5-6) 처럼 순례자를 지키는 분이 하나님이시다.

#3.
어둠, 쉼

프랑크푸르트에 도착해서 파리행 비행기로 환승을 하고 나니 비로소 시간이 눈에 들어온다. 저녁 8시 10분. 하지만 바깥 풍경은 아직도 해가 쨍쨍하다. 유럽의 여름은 해가 9시나 돼야 진다고 한다. 덕분에 비행기에서 신기한 광경을 목격할 수 있었다.

우선 파리는 프랑크푸르트보다 서쪽에 있다 보니 비행기 역시 서쪽을 향해 날아가고 있었다. 그러니 앞으로는 아름다운 노을과 화려한 빛이 보이고, 뒤로는 캄캄한 어둠이 엄습해 오는 것이 보인다. 어둠에서 벗어나고자 비행기는 발버둥 치지만 어둠이 비행기보다 더 빠르다. 이내 창문 밖 풍경은 짙은 어둠으로 칠해졌다.

하지만 슬프지 않다. 이곳이 빠르게 어둠에 잠기는 만큼 반대편은 빠르게 밝은 빛이 비치기 때문이다.

비행기 차창 밖으로 바라본 풍경. 빛과 어둠이 공존하는 광경이다.

어둠은 우리에게 쉼을 주시는 하나님의 은혜이리라. 어둠이 있으므로 빛이 있다. 빛은 어둠을 밝히기에 우리는 빛에게 고맙다. 하나님이 빛과 어둠을 나누심은 수고와 쉼을 나누어 주신 것이다.

Camino de Santiago

길을 걷다

#1.
피레네 산맥의 길 잃은 양

순례 첫날이다. 피레네 산맥을 계속 오르다 보니 길 잃은 양이 눈에 띈다. 보아하니 무리에서 이탈한 양이다. 어디서 얼마나 헤매고 있었는지는 모르겠다. 다만 옆구리에 피가 흘렀던 흔적으로 미루어 보아 꽤 시련이 있었으리라 짐작할 뿐이다.

피레네 산맥의 길 잃은 양

양은 마침 나와 동일한 방향으로 나란히 걷고 있었다. 그 덕에 나는 약 20분 동안 양을 지켜볼 수 있었다. 길 잃은 양은 포기하지 않고 소리치며 걷고 또 걸었다. 애타게 외치는 소리를 들었을까? 앞에 다른 양이 나타났다. 길 잃은 양은 앞에 나타난 양을 따라 무리로 돌아갔다.

사실 양은 나름 시력도 좋고 의외로 민첩성도 있다. 다만 공격성이 없어 순하게 여겨진다. 공격성이 있다 한들 할 수 있는 것은 무모하게 들이받는 것 외에는 없다. 양은 목자의 보호를 받아야 한다.

하지만 피레네 산맥의 길 잃은 양은 목자로부터 벗어났다. 목자는 아직 자기 양이 길을 잃었다는 것을 모른다. 이런 상황에서 오늘 길 잃은 양이 보여 준 행동은 양의 역할에 대해 생각하게 만들었다. 가장 좋은 것은 목자로부터 벗어나지 않는 것이다. 그러나 실수로 무리를 이탈할 수도 있다. 이럴 때 양의 역할은 다시 무리를 찾는 것이다. 계속 소리쳐서 구호의 신호를 보내고, 무리의 흔적을 찾아 걷고 또 걸어서 어떻게든 목자의 곁으로 돌아가야 한다.

나를 양으로 비유하시고 목자가 되어주신 예수 그리스도 앞에서 나는 양의 역할을 잘하고 있는지 생각해 볼 일이다.

#2.
국경을 넘다, '걸어서'

피레네 산맥의 정상에 다다를 즈음에 웬 비석 하나가 떡하니 서 있다. 지도를 켜 보니 여기가 바로 프랑스와 스페인의 국경이다. 나라와 나라가 바뀌는 지점인데 이곳에 있는 것이라곤 오로지 비석 하나뿐이다. 분단국가에 살면서, 특히나 군에서 GOP 소초장까지 경험했던 나는 단 한 번도 국경을 걸어서 넘는다는 생각을 한 적이 없었다. 국경을 걸어서 넘는다고 할 때 내 머릿속에 떠오르는 이미지는 탈북, 월북, 침투라는 분류뿐이기 때문이다. 내가 알던 국경선은 철책으로 막혀 있는 비무장지대의 한가운데에 박힌 나무 표식이 전부였다. 그리고 혹시나 누가 넘나들까 철저하게 서로를 감시하는 군인들과 서로가 가진 무기로 지켜지는 평화가 그려졌다. 한쪽이 가진 힘이 없다면 금세 무너지고 마는 허술한 평화였다.

그러나 지금 내 앞에 있는 이 국경은 내가 알던 국경이 아니다. 지키는 사람도, 넘나드는 데 어떠한 검사도, 땅과 땅을 가로막는 장애물도 없다. 프랑스와 스페인이 맺은 '솅겐 조약'으로 인해 국경이 상호 개방되어 있기 때문이다. 따라서 국경을 통과하기 위한 어떠한 절차도 필요하지 않다. 프랑스에서 스페인으로 넘어가는 데 걸리는 시간은 단 1초다. 한 걸음만 내디디면 국가가 바뀌는 것이다.

프랑스와 스페인의 국경. 여기부터 스페인의 나바라 지방이다.

평화의 의미에 대해 다시 생각해 본다. 전투가 일어나지 않는다고 해서 평화가 아니다. 평화를 지키기 위해 힘이 있어야 한다고 하지만 그것은 진정한 평화가 아니다. 힘으로 유지되는 평화는 그 옛날 로마의 평화Pax Romana와 같다. 하지만 예수의 평화Pax Christi는 사랑과 자비가 실천됨으로써 이루어지는 평화다. 오늘 느끼는 평화가 예수의 평화라고 단정 짓기에는 내가 지극히 단면만을 보고 있지만 적어도 분단국가의 국민이 바라보는 이 새로운 국경은 우리가 궁극적으로 지향해야 할 평화가 아닐까?

#3.
길 위에서는 모두가 친구다

까미노에서 누구를 만나게 될 지는 아무도 모른다. 순례길을 걷기 위해 전 세계에서 수많은 사람이 찾아온다. 그 사람들이 반드시 로마 가톨릭 신자인 것은 아니다. 나처럼 개신교 신자도 있고 불교 신자도 있다. 심지어 유대인과 종교가 없는 사람들도 있다. 다만 이슬람교도와 힌두교도는 없었다. 인종도 흑인이 상대적으로 적긴 하지만 그래도 황인, 흑인, 백인 모두 있다. 연령대도 갓난아이부터

시작해서 70대 노인까지(어쩌면 80대도 있을지 모른다) 고루 분포되어 있고, 각자가 하던 일도, 순례길을 걷게 된 이유까지도 모두 다르다. 그러다 보니 대화를 할 때도 그동안 내가 접하지 못한 세상에 대해 들을 수 있고, 이러한 이야기들을 통해 나는 내가 보지 못한 곳에 대해 간접적으로 경험할 수가 있었다.

그런데 이렇게 다양한 이야기를 대화로 풀어 나가면서 가장 인상적으로 와 닿는 것은 대화하는 내내 서로가 평등하다는 점이다. 일반적으로 한국의 문화에서 대화를 할 때 연장자가 우위를 점하는 경우가 많다. 하지만 까미노에서 모든 사람은 순례자라는 공통분모 하나만을 가진다. 그렇기에 모든 순례자는 서로를 존중하고, 또 존중받는다.

간혹 한국인들 사이에서 이 공식이 깨지는 경우가 있다는 것을 들었지만 적어도 내가 만난 사람들은 그렇지 않았다. 아버지뻘 되는 분도 나를 같은 순례자로 존중해 주셨고, 20일 이상을 함께 걸었던 토마스 목사님도 '길 위에서 우리는 친구'라고 말씀하시면서 마지막까지 나를 '이 선생'이라고 불러 주셨다.

이를 가능하게 해 주는 것은 무엇인가? 순례자라는 정체성이다. 성찬에 참여할 때 주님과 살과 피를 함께 나눔으로서 그리스도인들이 하나가 되듯이 순례길을 걷는 순례자라는 정체성으로, 우리는 하나가 된다. 그리고 서로를 친구라 부른다. 그렇다, 길 위에서는 모두가 친구다.

#4.
누구도 욕심부리지 않는다

사람들이 많이 모이는 곳은 언제나 욕심도 따라가기 마련이다. 순례길이라고 예외는 아니다. 하지만 욕심은 길에 오르면서 사라지기 시작한다.

우스갯소리로 순례길에 오르기 전에 준비물을 가지고 갈 필요가 없다는 말이 있었다. 많은 사람이 첫날과 둘째 날에 자신이 꼭 필요로 하는 짐과 굳이 필요하지 않은 짐에 대해 다시 생각하면서 혹시나 싶어 준비했던 것들을 버리고 가는데 그것들만 주워도 순례를 위한 준비물로 충분하다 해서 나온 말이다.

내가 걸은 프랑스 길의 첫 번째 구간이 피레네 산맥이다. 해발 1,450m 정도 되는 고지인데 순례가 시작되는 생장피에드포르는 해발 200m 정도 되는 지점에 위치한다. 하루 사이에 1,200m 이상을 오르는 것이다.

피레네 산맥에 걸터앉은 구름과 인사를 한다.

물론 경사는 완만해서 등산이라기보다는 트레킹을 하는 느낌이다. 고도가 높은데 경사가 완만하다는 것은 그만큼 거리가 멀다는 말도 된다. 첫날 걸어야 하는 거리는 약 27㎞다. 대부분의 순례자는 하루에 10㎞도 채 걸어 보지 않은 사람들이 많다. 배낭을 메고 걷는 것 자체가 처음인 사람도 많다. 당연히 피레네 산맥을 넘는 것이 힘들 것이다. 내가 넘을 때는 날씨라도 맑았지만 악천후라도 생긴다면 고통은 배가 된다. 그래서일까? 순례의 첫날부터 자신의 짐에 대해서, 자신이 부린 욕심에 대해 생각하게 된다.

알베르게에 도착한 사람들은 순례길을 걷기 전 자신이 가졌던 욕심들을 배낭에서 꺼내 미련 없이 버린다. 그리고 더는 욕심을 채워 넣지 않는다. 처음부터 짐을 잘 챙겨서 버릴 것이 없는 순례자도 무언가를 더 채워 넣으려 하지 않는다. 모두가 너무도 잘 안다. 내가 부리는 욕심은 곧 내 짐이 된다는 사실을.

#5.
호의에도 동의가 필요하다

모든 순례자는 자신의 짐이 담긴 배낭을 가지고 있다. 물론 그 날의 몸 상태에 따라 어떤 사람은 배낭을 자신이 머무를 알베르게로 배송하는 서비스를 이용하기도 한다. 하지만 배송 서비스를 이용해야 할 정도의 몸 상태를 가진 이들에게는 자신의 몸 자체가 짐으로 느껴질 것이다.

순례 초반에는 몸이 아직 걷는 데 충분히 적응되지 않았기 때문에 힘들어 하는 순례자가 많다. 놀라운 것은 순례자 대다수가 그렇게 힘들어 하면서도 자신보다 힘들어 하는 사람이 있다면 어떻게든 도와주고 싶어한다. 얼굴 한 번 본 적 없고 아무런 관계가 없는 사람인데, 단지 같은 순례자라는 이유로 호의를 베푼다. 처음에는 이 모습이 당연하다고 생각했고 나 역시 무엇이든 먼저 나서서 도와줘야겠다고 생각했다. 하지만 길에서 만난 한 할머니로 인해 이 생각이 바뀌었다.

누가 보기에도 걸음걸이가 매우 불안해 보이는 사람이 힘겹게 걸어가고 있었다. 양손에 스틱을 잡고 있으나 고통을 감내하며 걷고 있다는 걸 바라보는 내가 느낄 수 있을 정도였다.

일단 앞서 걷다가 쉼터가 있어서 잠시 쉬고 있는데 할머니도 도착하셨다. 잠시 쉬어가시려나 보다, 생각했다. 할머니가 자리에 앉기 위해 배낭을 내려놓는데 동작 하나하나에서 순례의 힘겨움이 그대로 묻어 나왔다. 주위 사람들이 돕겠다고 붙었다. 뜻밖에도 할머니가 단호하게 말했다. "No!" 하지만 사람들은 할머니의 말을 미처 듣지 못하고 계속해서 배낭을 잡아 주려 했고, 할머니는 화를 내면서 다시 한 번 단호하게 말했다. "No!" 이 짐은 내가 짊어져야 할 짐인데 왜 당신이 들려고 하느냐는 것이다.

위태롭게 걸어가는 할머니(오른쪽)

충격 그 자체였다. 그동안은 도움을 주기 전에 상대방의 의사를 먼저 물어야 한다고 생각해 본 적이 없었다. 누구나 도움을 받으면 좋을 것이라고 지레짐작했기 때문이다. 하지만 오늘 할머니의 모습은 내가 그동안 가져왔던 편견을 완전히 깨뜨렸다.

적어도 순례길에서는 도움이 필요해 보이는 사람이 있더라도 함부로 판단하고 호의를 베풀어서는 안 된다. 이 길을 걷는 사람들은 모두 자신의 상태를 알면서도 굳이 짐을 짊어지고 온 사람들이기 때문이다. 배낭의 무게도, 고통도 모두 각자가 짊어져야 할 몫이다. 따라서 상대방의 동의 없이 베푸는 호의는 자칫 상대방의 순례를 방해할 수도 있다. 그래서 호의에도 동의가 필요하다는 것이다. 이 순례는 다른 사람의 순례가 아닌 바로 자신의 순례이기 때문이다.

#6.
순례길은 빠른 길이 아니다

길을 걷다 보면 가끔은 쉽고 빠르게 가는 방법이 있음에도 굳이 빙빙 돌아서 가게끔 안내해 놓은 경우가 있다. 물론 안전상의 이유로 차량이 오가는 도로를 비껴가게 하기도 하지만 레온Leon과 같은 도시에서는 안전 문제와는 전혀 상관없이 1㎞ 정도 돌아가게 되어있다. 길이 없는 것도 아닌데 왜 이렇게 안내를 하고 있을까?

순례자들이 가야 할 곳은 다름 아닌 성당이기 때문이다. 불필요한 곳을 돌아가는 것처럼 보이지만 길을 따라가면 레온 대성당이 나온다. 이 길을 앞서 지나간 수많은 순례자들은 대성당을 들러 강복을 받으며 계속해서 순례길을 완주해 나갈 새 힘을 얻었을 것이다. 성당을 거쳐 가기 때문에 순례길은 어떤 마을에서든 반드시 성당 앞을 지나간다.

이 길의 의미에 대해 다시 한 번 생각해 보았다. 만일 산티아고 데 콤포스텔라에 도달하는 것이 목적이라면 이 길은 굳이 돌아

레온 대성당

갈 이유가 없다. 또한 도달하는 것이 목적이니 걸어갈 이유도 없다. 고속도로를 달려도 되고 기차나 비행기를 이용해도 된다.

하지만 산티아고에 도착하는 것이 순례의 목적은 아니라고 한다면 이야기는 달라진다. 어떤 사람들은 건강상의 이유로, 또 어떤 사람들은 시간상의 이유로 순례길을 다 걷지 못하고 중간에 교통수단을 이용하기도 한다. 그러나 건강에 문제가 있는 사람도, 시간이 부족한 사람도 처음부터 끝까지 교통수단을 이용해서 이동하는 사람은 없다. 실제로 순례 증명서도 최소한 100㎞ 이상을 도보로 걸은 이들에 한해서 발급을 하고 있다. 이것은 순례의 목적을 산티아고에 도달하는 것이 아닌 걷는 것 자체에 더 비중 있게 두고 있음을 의미한다. 그렇기에 순례길은 순례자를 무조건 빠른 곳으로 안내하지 않는다.

로마 가톨릭 사제로서 생활 성가를 여럿 작사·작곡하신 김태진 신부님의 노래 중에 '도보 성지순례'라는 곡이 떠오른다. 김태진 신부님이 산티아고 순례길을 걷고 나서 쓴 곡이라고 한다. 이 곡의 첫 소절은 이렇게 시작한다. "한 걸음 한 걸음을 주님께 봉헌합니다." 그렇다고 해서 주님을 위한 길이라고 표현하지는 않는다. '내 구원을 향해 가는 길'이라고 표현한다. 역시나 여정을 강조한다. 목적지에 도달하는 것이 중요한 것이 아니다. 걷는 과정에서 만나는 주님이 소중하다.

함께 걸던 토마스 목사님이 '걷는 기도'라는 표현을 사용하신 적이 있다. 순례자의 발걸음 자체가 기도라는 것이다. 또 내 아버지 이상득 목사님은 요한복음 14장 6절 말씀 '내가 곧 길이요, 진리요, 생명이니'를 인용하시며 길 되신 주님 품을 걷고 오라고 하셨다. 길을 걸으며 이 발걸음을 주님께 봉헌한다고 생각하지는 못했지만 주님과 동행했다는 것 한가지는 분명하다. '높은 산이 거친 들이 초막이나 궁궐이나 내 주 예수 모신 곳이 그 어디나 하늘나라, 주 예수와 동행하니 그 어디나 하늘나라'라는 찬송가 가사와 같다. 주님과 동행하니, 또 주님과 동행하는 사람들과 함께하니 순례길은 땅에서 맛보는 하늘나라였다. 목적지에 도달하는 것이 중요한 것이 아니다. 이 길에서 맛보는 주님의 나라가 소중하다.

순례길은 빠른 길이 아니다. 빨리 가야 하는 길도 아니다. 그저 노란 화살표가 가리키는 방향을 따라 자신의 속도로 걸어가면 된다. 한 걸음 한 걸음을 다른 이들과 비교하지 말고 나의 걸음으로 걷자.

한 걸음 한 걸음을 주님께 봉헌합니다
주님 제 옆에서 함께 걷고 계심을 느낍니다
비바람 몰아치고 벼락이 떨어져도
주님 앞서 가시니 주님의 뒤를 따릅니다
이 길은 세상에서 유일하게 하느님을
스스로 받아들이신 성인들 걸으신 길
하느님의 나라를 향해 가신
예수님과 함께 걸으신 그 길
나도 주님의 어깨동무를 느끼는 길
가네, 가네, 내 구원을 향해 가는 길

〈김태진 - 도보 성지순례〉

#7.
혼자, 함께 걷는 길

사람과 사람이 만나는 곳에는 관계가 형성되기 마련이다. 특히나 순례길에는 수많은 사람이 모일 뿐더러 일회성 만남이 아니라 계속해서 길을 걷기 때문에, 한 번 마주친 사람을 다시 보게 될 확률이 높은 편이다. 어떤 경우에는 길에서 만난 사람을 인사만 하고 지나치기도 하지만 또 어떤 경우에는 함께 걸으며 대화를 나누기도 한다. 초장부터 마음에 맞지 않는 사람이야 알아서 서로 떨어지지만 때로는 마음에 맞는 사람을 만나기도 한다. 하루 이틀 같이 걷다 보면 자신도 모르는 사이에 정들게 되는데 가끔 정에 사로잡혀서 헤어져야 하는 상황을 받아들이지 못하고 억지로 서로에게 맞추려고 하는 사람들이 있다.

순례길에서의 헤어짐을 두려워할 필요가 없다. 헤어지고 만나는 것이 너무나 자연스러운 곳이다. 함께 걷는 사람과 호흡을 맞추면 좋겠지만 억지로 할 필요는 없다. 순례길에 들어설 때 그 사람을 만나야겠다고 계획하고 온 것이 아니지 않은가? 여러 사람을 만나서 함께 걷는 길이기도 하지만 이 순례는 나의 순례다. 때로는 혼자 걸을 수도 있고 누군가와 함께 걸을 수도 있다. 그래서 혼자, 함께 걷는 길이다. 무엇보다도 길 위에서 헤어진 사람과 영영 떨어지는 것이 아니다. 다음 마을에서 만나든 산티아고에서 만나든 다시 볼 수 있다. 물론 정말 인연이 닿지 않아서 다시 만나지 못하는 사람도 있다. 그 사람과의 인연이 거기까지이려니, 생각하자.

인연은 결국 만난다. 나에게도 함께 걷던 사람들이 있다. 정확히는 같이 걸었다기보다 마을에서 만나 함께 식사하고 대화를 나누었던 사람들이라고 할 수 있겠다. 우리는 꽤 오랜 시간을 함께 보냈다. 하지만 어디까지 걷자고 의논한 적은 손에 꼽는다. 굳이 같은 알베르게를 가는 것도 아니다. 같은 마을에서 만났지만 향하고 있는 알베르게는 각각 달랐던 적도 많다.

반대로 한 번은 알베르게의 한 방을 우리끼리만 사용한 적도 있다. 그렇다고 해서 우리가 모두 같은 시간에 함께 출발하지는 않았다. 각자의 체력과 컨디션에 따라 움직였다. 서로 떨어져서 보낸 경우도 많다. 하지만 신기하게도 우리는 산티아고까지 계속 함께 걸었다고 이야기할 수 있을 정도로 많은 시간을 보냈다. 그 인연이 계속 이어져서 한국에서도 만났을 정도다.

까미노에서 만난 친구들 | 왼쪽부터 토마스, 나, 성희, 예성, 영지

한 번은 내가 뜨리아카스텔라Triacastela라는 마을에 도착해서 알베르게를 잡고 쉬고 있는데 우리 무리 중 한 사람이 이 마을을 지나가다 잠시 바Bar에 들렀다는 연락을 받았다. 그래서 대화도 나누고 격려도 할 겸 만나러 갔다.

이 친구는 그 날 사모스Samos라는 마을까지 걷는다고 했다. 약 11.5㎞를 더 걷는 것이다. 이후 일정도 들어 보니 이제 나하고 만나기는 힘들겠다고 판단되었다. 마음이 너무 잘 맞는 친구였기에 아쉬움이 컸지만, 이 친구도 자신의 순례를 하는 것이기에 작별을 해야 했다. 마지막이라는 생각에 조금이라도 더 이야기를 나누고 싶어서 마을의 끝까지 함께 걸으며 배웅을 했다.

그런데 변수가 생겼다. 일기예보를 보니 내가 원래 산티아고에 도착하기로 예상했던 날에 비가 내린다는 것이다. 동행하던 토마스 목사님과 상의를 해 본 결과, 조금 더 걸어서 힘들지라도 비는 맞지 않는 것이 좋겠다 하여 마지막 100㎞ 구간을 상당히 빠르게 걸었다.

산티아고에 도착하기 이틀 전 리바디소Ribadiso라는 작은 마을에 도착해서 샤워와 빨래를 하고 갈증을 식힐 겸 바에 가려고 하는데 내가 묵는 알베르게 앞으로 뜨리아카스텔라에서 작별을 나누었던 친구가 지나가는 모습이 보였다. 너무나 반가운 마음에 뛰쳐나가서 인사를 했다. 알고 보니 리바디소의 다른 알베르게에서 묵는다고 한다. 마을을 둘러보다가 마침 나를 만난 것이다.

인연은 결국 만난다. 어떻게든 만난다. 그러니 헤어짐을 두려워하지 않아도 된다. 길에서 못 만나면 산티아고에서라도 만난다.

#8.
황폐한 땅? 생명의 땅!

내가 순례길을 걷던 시기는 수확이 어느 정도 끝나갈 때였다. 그러다 보니 밀밭을 지날 때도 밀은 전혀 보이지 않았고 아예 어떤 작물이 심어져 있던 땅인지도 알 수 없을 때가 많았다. 처음에 수확이 끝난 땅을 바라볼 때 황폐하다고만 생각했다. 햇볕이 쨍쨍 내리쬐는 대낮에는 마치 사막을 건너는 기분마저 들 때가 있었다.

해바라기밭을 지날 때도 해바라기들이 씨를 모두 내놓은 탓일까? 부끄러움에 고개를 푹 숙이고 있었다. 노란 빛깔의 아름다움은 어디론가 사라지고 흡사 잿빛과도 같은 어둠만이 남았다. 한마디로, 보이는 것들이 황량함 그 자체다.

하지만 다시 생각해 보니 땅도, 해바라기도 제 역할을 마치고 쉬는 것이었다. 마치 광야를 보는 듯한 모습이지만 이 땅은 여전히 생명을 자라게 하는 땅이다. 소산물所産物을 거둔 땅은 그저 잠시 휴식할 뿐이다. 오랜 기간 생명의 싹이 움트도록 자신이 붙들고 있던 영양분을 아낌없이 내준 땅인데 함부로 황폐하다고 판단해 버린 내가 부끄러워졌다. 자녀를 살리기 위해서라면 모든 것을 내줄 수 있는 부모의 마음, 아니 나를 구하기 위해 자신의 몸을 내주신 예수 그리스도의 마음을, 땅이 품고 있었다.

고개 숙인 해바라기(왼쪽)와 생명을 외치는 나무

다시 바라본 땅은 더는 황폐한 땅이 아니다. 그동안 보이지 않던 외로운 나무도 보인다. 홀로 선 나무는 이 땅이 생명의 땅임을 외치는 듯 푸른 잎으로 자신을 덮었다. 이 땅은 광야가 아니다. 생명의 기운이 넘쳐나는 옥토다. 우리에게 다시 소산물을 내어 줄 고마운 땅이다.

#9.
소소한 사치

모든 순례자는 매일 두 가지 사치에 대해 선택할 권리가 있다. 세탁기를 돌리는 사치와 빨래를 하지 않는 사치다. 최소한의 짐을 가지고 걷기 때문에 각자가 가진 옷은 대체로 기껏해야 3일 정도 입을 수 있는 분량이다. 그렇다면 3일에 한 번 빨래하면 되지 않느냐고 물을 수도 있다. 맞는 말이다. 하지만 이 경우 비라도 내리면 어쩔 수 없이 세탁기나 건조기를 돌려야 한다. 비용을 줄이기 위해서는 매일 손빨래를 하는 것이 안전하고 좋은 방법이다.

일반적으로 순례자가 하루에 사용하는 금액은 30유로 이하다. 여기서 알베르게 숙박 비용은 5~10유로인데 세탁기, 건조기 사용료는 각각 2~3유로다. 둘 다 사용하면 4~6유로나 된다. 숙박비에 견줄 수 있는 금액이다. 그래서 세탁기를 돌리는 게 사치라고 표현한 것이다.

어떤 경우는 평소보다 더 체력이 떨어질 때가 있다. 단순히 체력이 떨어졌다면 그나마 나은데 숙소에 늦게 도착했다면 햇빛에 빨래를 말릴 수가 없다. 이럴 때 세탁기와 건조기를 사용하는 방법이 있지만 또 다른 방법도 있다. 빨래하지 않는 것이다.

순례자가 알베르게에 도착해서 해야 하는 주요 일과가 짐 정리, 샤워, 빨래, 식사 정도인데 이 네 가지 중에서 가장 귀찮고 하기 싫은 것이 빨래다. 그렇기에 빨래를 하지 않는다는 것은 도착해서 할 일이 4분의 1이나 줄어드는 것이다. 별것 아니지만 굉장히 여유롭게 느껴진다. 물론 오늘 하지 않은 빨래는 어디로 가지 않고 고스란히 내일의 빨래에 더해진다. 하지만 해야 할 것을 하지 않아도 될 때의 행복은 매우 가치 있게 다가온다.

화창한 날씨는 곧 빨래하기 좋은 날씨다.

세탁기를 사용하는 것이나 빨래를 하루 미루는 것이나 사실 모두 대단한 것은 아니다. 한국에서는 세탁기 돌리는 것을 사치라고 생각했던 적이 한 번도 없다. 맑은 날씨를 막연하게 좋다고 느낀 적은 있어도 빨래하기 좋은 날씨라고 느꼈던 적은 없다. 당연하게 여겼던 일들이 더는 당연하지 않은 일이 되었을 때, 같은 일상 속에서도 감사를 찾을 수 있다. 감사함이 있기에 행복도 따라온다.

#10.
음악이 죽었다고 예배도 죽었으랴?

유럽 교회가 죽었다는 말을 참 많이 들었다. 주로 영국의 사례를 언급하는데 교회 건물이 팔려서 클럽으로 사용되는 것을 예로 들며, 유럽 교회는 죽었기 때문에 선교사를 파송해서 다시 부흥 운동을 일으켜야 한다고 주장하는 사람들이 많았다.

이미 내 안에도 편견이 있었기 때문에, 파리에서 노트르담 성당에 갔을 때 관광객으로 인산인해를 이루었던 그곳이 좋게 느껴지지는 않았다. 특히 순례길 중간에 있던 비아나Viana라는 마을을 지날 때 그 마을의 성당에 들어갔었는데 파이프오르간을 보고 충격을 받았다.

파이프가 휘어진 오르간

파이프가 휘어져 있었기 때문이다. 얼마나 오랫동안 연주를 하지 않았으면 파이프가 휘어졌을까? 저 좋은 오르간도 연주자가 없으니 장식품에 불과했다. 자연스레 생각이 앞서갔다. '더는 오르간을 연주하지 않는다는 것은 무엇을 의미할까? 미사가 없기 때문은 아닐까? 그래, 유럽 교회는 정말 죽었구나.'로 귀결되는 생각이다. 편견이 그대로 굳어지는 순간이었다. 그러나 이때까지도 내가 간과하던 것이 있었는데 그것은 내가 단 한 번도 유럽의 교회에서 예배를 드린 적이 없다는 사실이다.

유럽 교회가 죽었다는 편견에서 벗어나게 된 계기는 처음으로 주일 미사에 참여했을 때다. 만시야 데 라스 물라스Mansilla de las Mulas에서 그 마을의 작은 성당을 찾아갔었다. 처음에 미사 시간이 12시인 줄 알고 급하게 갔으나, 알고 보니 미사는 12시 30분부터 드린다고 한다.

30분이나 일찍 온 셈인데 놀랍게도 이미 성당 안은 신자들로 가득했다. 미사가 시작되기 전에 모든 자리가 꽉 찼다. 뒤늦게 온 사람들은 양쪽 측면 혹은 뒤쪽 공간에 섰다. 죽은 줄 알았던 스페인의 교회는 뜻밖에 생기가 넘쳐흘렀다.

자리에 앉아서 이 사람들이 어떻게 행동하는지를 살폈다. 우선 성당에 들어오면 성수를 이마에 바르고 성호를 긋는다. 하나님 앞에 나아가기 전에 정결하게 준비하는 듯 보였다. 그리고 의자 옆

마을의 작은 성당(왼쪽)과 이 성당에서 미사가 끝나고 빠져나가는 사람들.

에서 먼저 무릎을 한 번 꿇고 다시 한 번 성호를 긋고 난 후에 자리에 앉았다.

연령대가 상당히 고령화된 것은 사실이다. 아이들은 별로 보이지 않았고 젊은 사람도 거의 없다. 하지만 미사의 자리에 나온 이들에게 신앙의 진지함이 묻어 나왔다. 함부로 행동하지 않았고, 예배를 기다리는 동안 표정을 보니 지루함이 아닌 진중함이 쓰여 있었다.

아무래도 장엄함이 많이 줄어든 것은 사실이다. 고령화되면서 성가대도 사라졌고, 미사에서 음악이 차지하는 비중은 거의 없다시피 했다. 그나마 남아있는 부분에도 음악적인 기교는 없었다. 이제 보니 오르간의 파이프가 왜 휘어졌는지 알겠다. 음악의 비중이 축소되니 더는 파이프오르간이 필요하지 않았던 것이다.

하지만 음악이 줄었다고 해도 여전히 예배는 드린다. 음악은 예배를 돕는 도구에 불과하다. 음악 없이도 예배는 예배다. 음악이 죽었다고 예배도 죽은 것은 아니다.

#11.
Divina Pastora

순례길은 레이스가 아니다. 하지만 나도 모르게 레이스를 하는 경우가 있다. 아무리 계획 없이 걷는 순례길이라지만 그래도 아침마다 어떤 마을까지 갈지, 그 마을에 가서 어떤 알베르게에 찾아갈지는 어느 정도 구상을 한다.

알베르게는 한정적인데 순례자가 많다 보니 가끔은 알베르게가 가득 차는 상황이 발생한다. 이 경우 다른 알베르게를 찾아보거나 호스텔, 호텔을 이용하기도 하고 최악의 경우는 다음 마을까지 걸어야 한다. 그렇게 알베르게를 차지하기 위해 남들보다 일찍 출발하고, 조금 더 빨리 걷는 '까미노레이스'가 벌어진다.

그런데 레이스를 펼치던 나를 해방해 준 곳이 있다. 부르고스Burgos에 있는 디비나 파스토라 알베르게Divina Pastora Albergue다.

이름부터가 'Divina Pastora'다. '하나님의 양치기' 정도로 번역할 수 있겠다. 이 알베르게의 수용 인원은 16명. 워낙에 소수로

Divina Pastora Albergue

운영하는 곳이니 빨리 가지 않으면 안 된다는 생각에 이날도 평소와 다름없이 빨리 걸었다. 12시쯤 도착했지만 이미 도착해서 줄을 서 있는 사람들이 있었다. 예상했던 그대로다. 하지만 16명 안에는 들었기 때문에 안심하고 줄을 섰다.

알베르게를 여는 시간인 12시 30분이 되었을 때 이곳은 무언가 다르다는 것을 금방 알 수 있었다. 일반적으로 알베르게가 오픈을 하면 자연스럽게 순서대로 접수를 받는데 이곳은 달랐기 때문이다.

주인이 먼저 모든 사람을 안으로 들어오라고 한다. 들어가 보니 1층에 채플이 있다. 예배당에 사람들을 모두 앉혀 놓고 주인이 질문을 한다. "순례의 의미를 알고 있나요?" 누군가 대답을 했다. 어떻게 대답했는지는 듣지 못했는데 그 답이 맞다고 한다. 그가 이어서 말하기를 "그래서 우리는 순례의 의미를 따르고자 합니다. 먼저, 아픈 사람이나 환자 있습니까? 그런 분들에게 우선권을 주겠습니다."라고 했다. 계속해서 "다음은 멀리서 온 사람에게 우선권을 주겠습니다. 산 후안 오르테가에서 오신 분 있습니까? 아헤스에서 오신 분 있습니까?"라고 말했다. 나와 토마스 목사님은 아헤스Ages에서 걸어왔기에 우선권을 부여받았다. 계속해서 주인이 말한다. "혹시 걸어오지 않고 버스나 택시를 타고 왔거나 어제 부르고스에 도착한 분 있습니까? 죄송하지만 여러분은 다른 숙소를 찾아가 주시기 바랍니다."

충격 그 자체다. 다른 숙소를 찾아가야 했던 사람들은 다름 아닌 줄을 가장 먼저 서 있던 사람들이었기 때문이다. 주인은 성경 구절을 인용해서 말했다.

"나중 된 자로서 먼저 되고 먼저 된 자로서 나중 되리라."

이때까지 먼저 도착하는 사람이 자리를 차지하는 것은 당연하다고 생각했다. 그것이 합리적이기 때문이다. 하지만 누가 먼저 왔는지는 전혀 중요하지 않았던 이 알베르게가 레이스를 멈추게 만들었다. 그리고 순례 정신이 무엇인가에 대해 다시금 고민할 기회를 주었다.

다른 숙소를 찾아 떠나야 했던 사람들이 떠오른다. 그들이 짐을 챙겨 들고 나갈 때의 표정은 화난 표정이 아니었다. 민망해 하는 표정이었다. 이 비합리적인 상황 앞에서 그들은 분노하지 않았다. 부끄러워했다. 무엇이 이들에게 부끄러움을 일으켰을까? 그것은 바로 순례 정신이다.

순례는 그리스도를 더 가까이 따르는 신앙의 표현이다. 나중된 자가 먼저 되고 먼저 된 자가 나중 되는 것, 자신을 스스로 낮추는 자가 높아지고 스스로 높이는 자는 낮아지는 것. 이것은 합리적인 것과는 거리가 멀다. 하지만 합리적인 것이 반드시 답은 아니다. 디비나 파스토라Divina Pastora를 통해 알 수 있듯이 말이다.

#12.
흔적 위에 발자취를 더하다

산에 올라가 보면 누가 만들었는지 모르겠지만 길이 나 있다. 인위적으로 조성한 길도 있지만 그렇지 않은 길도 있다. 장자의 제물론에 '길은 다니니까 생기는 것이다'라는 구절과 같이 사람들이 계속해서 지나다녔기 때문에 산에도 길이 생겨난 것이다.

순례길을 걸으면서도 이 길이 생겨난 과정에 대해 생각해 보았다. 이 길 역시 걸었기 때문에 생겨난 길이다. 하지만 14세기 이후에는 서서히 잊히기 시작했고, 20세기 중반까지 극소수의 사람만이 순례했다. 이 극소수의 사람이 있었기에 길이 완전히 없어지지는 않았나 보다. 그러던 중 1982년에 교황 요한 바오로 2세가 산티아고 데 콤포스텔라를 방문하면서 이곳에 대한 로마 가톨릭 신자들의 관심이 늘어났다.

여기에 1987년에는 유럽 문화 유적으로, 1993년에는 유네스코 세계문화유산으로 지정되면서 순례자가 증가하기 시작했다. 게다가 1997년 파울로 코엘료의 소설 『연금술사』가 발표되며 일반인

에게도 순례길을 알리게 되었다. 이후로 종교적인 목적이 아니더라도 다양한 이유로 순례길을 걷는 사람들이 생겨났다.

이렇게 수많은 순례자가 남긴 발자취들이 쌓이고 쌓여 길이 되었다. 많은 이들이 걸어갔기 때문에 생겨난 길이고, 지금도 많은 이들이 걷고 있으므로 사라지지 않는 길이다. 길을 계속해서 길로 만들어 주는 것은 다름 아닌 순례자들이다.

순례길을 걷고 있는 나 자신 또한 많은 순례자들이 남긴 흔적 위에 작은 발자취를 남기며 길을 이어 왔다. 누군가 지나갔기 때문에 생겨난 길이지만 오늘 내가 걸어갔기 때문에 사라지지 않는 길이다. 오늘도 순례자는 자신의 발걸음을 통해 뒤에 걸어올 다른 순례자들의 길을 예비하며 걸어간다.

#13. "하나님, 감사합니다."

약 10년 사이에 기독교에 대한 이미지는 하락세 정도가 아니라 추락세를 면치 못하고 있다. 과거에는 쉽게 찾을 수 있었던 신앙인을 점점 찾기 힘들다. 급기야는 내가 신앙인이라고 말하기 껄끄러운 시대를 살아가고 있다. 이러한 시대 속에서도 당당하게 "하나님 감사합니다."라고 말하는 사람을 까미노에서 만났다. 바로 임혜미 씨다.

임혜미 씨는 항공사 승무원으로 일하다가 건강상의 이유로 퇴직했다. 건강만 잃은 것이 아니라 신앙도 같이 잃어 가고 있었기 때문에 몸이 온전해진 것은 아니지만 다시 하나님을 찾고자 순례길에 올랐다고 한다.

목적이 하나님을 찾는 것이어서일까? 매 순간 하나님과 동행하고자 발버둥 치는 모습이 보인다. 가장 인상적인 것은 당당함이다. 이 사람, 자신의 신앙을 굳이 감추지 않는다. 나는 목회자의

길을 걸어가겠다고 하면서도 다른 사람들 앞에서 신앙심이 드러나는 용어를 사용하지 않으려고 노력했다. 하지만 이 사람은 다르다. 가령 힘들 때는 주님을 부르고 좋은 일이 있을 때는 "하나님 감사합니다."를 당당하게 외친다.

한 번은 수비리Zubiri에서 팜플로나Pamplona로 가는 길에 비포장도로와 포장도로로 나뉘는 구간을 지났었다. 두 길은 고작 5m도 채 안 떨어져 있었고, 길이도 짧았다. 어쨌든 두 길은 나름 분리되어 있었다. 나는 포장도로로 걸었고 혜미 씨는 비포장도로로 걸었는데 혜미 씨가 갑자기 허리를 숙이더니 땅에서 무언가를 주웠다. 돈이다! 그것도 무려 10유로. 돈을 줍고 나서 하는 말이 "이거 봐, 하나님이 나만 이렇게 왼쪽으로 가게 하신 이유가 있다니깐! 하나님 감사합니다!"

그게 정말 하나님의 뜻이든 아니든 그것은 중요하지 않다. 주어지는 상황에 대해 하나님께 감사하는 것. 다른 사람들의 시선과 상관없이 자기 신앙을 고백하는 것. 가장 중요한 것은 그렇게 하면서도 누구로부터도 미움을 사지 않는 것! 이런 면에서 볼 때 임혜미 씨는 이미 하나님을 찾고 하나님과 동행하고 있는 신앙인이었다.

#14.
복음환호송

모라티노스Moratinos의 오스피딸 산 브루노 알베르게Hospital San Bruno Albergue에서 있었던 일이다. 저녁 식사를 하는 데 주인이 와인을 가져오자 옆 테이블에 앉아 있던 사람들이 박수를 치면서 환호했다. 유럽의 식사 문화를 이야기할 때 와인을 빼고 이야기할 수 없는데 거의 모든 식사에 와인을 곁들인다. 그렇게 매일 마시는 와인이지만 변함없이 환호한다. 이 모습을 바라보고 있자니 복음환호송이 생각났다. 복음환호송이란 말씀의 전례에서 복음서를 낭독하기 전에 부르는 짧은 곡이다.

성당에서 미사를 드리면서 가장 먼저 익힌 음악은 복음환호송이다. 말씀의 전례에서 구약성경, 시편, 사도 서신, 복음서를 낭독하는데 다른 것은 다 앉아서 듣는 반면, 복음서를 낭독하기 전에는 모두가 일어나서 복음환호송을 부른다. 복음이 무엇인가? 문자 그대로 복된 소리이다. 그러니 이 기쁜 소식을 듣는다는 감격에 환호하는 것이다.

와인이 나올 때 환호하던 사람들의 모습이 다시 떠오른다. 그들은 와인을 마신다는 것 자체로 행복해 하고 있었다. 복음환호송이 어떠한 모습으로 불려야 하는지 이제야 이해가 된다. 문자 그대로 환호다.

복음이 와인보다 못할 수 없다. 아니 애초에 복음은 와인과 비교 대상이 아니다. 복음은 기독교 신앙의 시작과 끝이다. 복음환호송은 예수 그리스도에 관한 소식, 우리에게 가장 복된 소식을 듣는다는 기대, 감격, 감사를 담아 기쁨으로 올리는 곡이다.

#15.
빨리 산티아고에 가고 싶다

순례 둘째 날 론세스바예스Roncesvalles에서 수비리Zubiri를 향해 걷기 시작하는데 길의 초입에 간판이 하나 서 있다. 'SANTIAGO DE COMPOSTELA 790' 산티아고까지 790㎞가 남았다는 것이다. 말이 790㎞이지, 서울에서 부산까지의 거리가 395㎞이다. 왕복하면 790㎞이다. 갈 길이 매우 멀다.

이 간판을 보니 앞길이 참 막막해 보였다. 그도 그럴 것이 하루 전 넘은 피레네 산맥은 순례자를 위한 편의 시설이 없다시피 했다. 해발 800m 지점에 있던 오리손 알베르게Refuge Orisson Albergue와 중간 중간 있는 식수대에 의존해서 넘어야 하는데 첫날부터 순례자의 기를 죽이기에 충분하다.

만약 길이 이런 식으로 이어져 있다고 하면 앞으로의 순례가 막막해 보이는 것은 당연하다. 그래서일까? 언제 산티아고에 도착할 수 있을까, 하는 생각과 빨리 도착했으면 좋겠다는 생각이 교차한다. 하지만 이 생각은 그리 오래가지 않았다.

#15-1.
이 순례를 끝내고 싶지 않다

산티아고까지 298㎞ 남았을 때 앞으로의 일정을 확인하려 가지고 갔던 가이드북을 펼쳐 보았다. 뒤로 갈수록 편해지기보다는 오히려 다소 힘들어 보이는 일정으로 안내가 되어 있었다. 가이드북의 저자는 순례자들이 하루라도 빨리 산티아고에 가고 싶어질 것이라는 설명도 덧붙였다. 순례길에 이미 적응되었던 나는 산티아고에 빨리 가고 싶다는 말을 이해할 수 없었다. 이 행복한 생활을 빨리 끝내고 싶던가? 순례길에서 고민할 것이라고는 '오늘은 얼마나 걸을까? 어디에서 잘까? 무엇을 먹을까?' 정도다.

살면서 이렇게 여유를 느꼈던 적도 없고, 불필요한 고민으로부터 자유로웠던 적도 없다. 산티아고까지의 거리가 줄어든다는 것은 일상으로 돌아갈 시간 또한 가까워지는 것을 의미한다. 산티아고에 도착했다고 하면 순례가 끝난 것이다. 이 말은 곧, 여유로운 생활도 끝나고 다시 치열한 경쟁 사회로 돌아가야 한다는 것을 의

미한다. 물론 나에게는 산티아고 이후에도 묵시아까지의 두 번째 순례가 있었지만 아무래도 마음가짐이나 느낌 자체가 다를 수밖에 없다.

순례가 끝나면 지금까지 느끼던 여유는 추억으로 가슴 한편에 자리 잡는다. 천천히 살아가는 방법을 배웠지만 다시 빠르게 살아가야 한다. 인생은 레이스가 아니라고 했지만 끝없이 달려야 살 수 있는 사회로 돌아가야 한다. 그러니 순례를 끝낼 생각을 하면 숨이 막혀 온다. 산티아고까지 790㎞가 남았을 때 나는 얼른 산티아고에 가고 싶다고 생각했지만 298㎞가 남은 지금, 이곳을 벗어나고 싶지 않다.

#15-2.
이제는 산티아고로 가야 한다

사리아Sarria는 산티아고에서 약 100km 정도 떨어져 있는 도시다. 순례 증명서를 발급받기 위해서 최소 100km를 걸어야 하는데 이 때문에 건강상의 문제가 있거나 시간이 없어서 순례길을 맛보기라도 하고자 하는 사람들, 여기에 관광객들까지 사리아에서 순례를 시작한다.

덕분에 사리아부터는 길이 매우 북적이고 지금껏 못 봤던 새로운 얼굴이 많이 보인다. 하지만 관광객들이 합류한 순례길은 지금껏 봐 오던 풍경과는 사뭇 다른 모습이다. 기념품 가게가 눈에 띄게 늘어났고, 배낭을 멘 적이 없는 관광객들은 사진 찍기에 열을 올린다. 순례자가 자신이 걸어온 거리를 내세우며 우위를 점하려고 하는 것은 잘못된 행동이지만, 어느새 내 마음속에 '나는 생장에서부터 출발해서 걸어온 진짜 순례자'라는 자부심이 자리 잡는다. 자부심이 자부심으로만 머무르면 괜찮지만 이것이 벼슬이라도 되는 것

마침내 눈앞에 산티아고 대성당이 보인다.

마냥 사리아에서 출발한 순례자들을 은연중에 평가절하 하는 모습이 보이기 시작했다.

현실과는 다른 곳이라고만 생각했던 순례길이 또 다른 현실로 다가오기 시작했다. 순례길이 순례길인 이유는 이곳이 내 삶의 자리가 아니기 때문이다. 내가 이곳에 머무르면 이곳은 더는 순례길이 아니다.

그래, 이제는 순례를 끝내야 할 때가 되었다. 이제는 산티아고로 가야 한다. 그러고 보니 왜 가이드북에서 하루빨리 산티아고로 가고 싶다고 했는지 알겠다.

순례자가 순례길에 머물러서는 안 된다. 순례자는 순례를 마치고 일상으로 돌아가서 순례길에서 경험한 하늘나라를 삶의 자리에서도 이루어 나가야 한다. 자기 신앙을 위해 걸었지만, 하나님 나라를 위해 살아가야 한다. 순례자는 산티아고로 가야 한다. 그리고 인도자가 되어야 한다.

#16.
Cafe con Leche

순례길을 다녀온 많은 사람이 가장 그리워하는 음식 중 하나는 카페 콘 레체Cafe con Leche다. 카페 라테Cafe Latte를 스페인어로 옮기면 카페 콘 레체가 된다. 카페 라테는 한국에서도 쉽게 접할 수 있는데 사람들은 카페 콘 레체를 그리워한다.

사실 스페인 카페의 커피 맛이 엄청나게 훌륭하다고 할 수는 없다. 바리스타들도 커피 맛에 그리 신경 쓰는 모양새가 아니다. 그럼에도 아침에 마시는 카페 콘 레체 한 잔은 그 어떤 음료보다 맛있게 느껴진다. 물론 우유가 맛있어서 객관적으로도 맛있는 것이 맞다. 여기에 배낭의 무게와 그 날의 걸음이 가미되어 평범한 커피 한 잔이 세상에서 가장 맛있는 커피로 변모한다.

원효대사의 해골 물이 생각난다. 잠결에 목이 너무 말라 물을 마실 땐 그렇게 달콤했는데 아침에 일어나 보니 그 달콤한 물은 해골에 고여 있는 물이었다. 같은 물이지만 바라보는 시각에 따라 달콤한 물이 되기도 하고 썩은 물이 되기도 했던 이 사건을 통해, 원효대사는 진리가 결국 자신의 내면에 있다는 것을 깨우치고 유학의 길을 접었다.

순례자가 그리워하는 것은 커피 맛 자체가 아니다. 그때의 상황, 감정, 순례자로 섰을 때의 정체성, 심지어 배낭의 무게와 발바닥의 통증까지도 그리움의 대상이다.

깊은 맛을 느끼기 전까지는 쓰게만 느껴지는 에스프레소에, 고소한 우유와 달콤한 설탕이 더해지면서 카페 콘 레체의 푹신하고도 달곰한 맛이 완성된다. 깊은 맛을 느끼기 전까지는 고통, 고생으로만 느껴지는 순례길인데, 마음이 맞는 동행자와 달콤한 대화가 더해지면 순례의 기억은 더없이 행복한 기억으로 완성된다. 카페 콘 레체는 순례길의 행복한 기억과 더해져 세상에서 가장 맛있는 커피로 추억된다.

#17.
가벼운 자리, 진중한 대화

순례길은 매일 나와 아무런 관계가 없던 사람들을 만나 대화를 나누며 연을 맺을 수 있는 곳이다. 처음 보는 사람들과 갖는 대화의 자리는 당연히 가벼운 자리다. 걸으면서도 대화를 하지만 때로는 커피를 마시며, 때로는 맥주나 와인을 마시며 대화를 하기도 한다. 이 자리는 한국에서의 술 문화와 같이 상대방의 주량 이상을 강요하는 문화가 아니다. 자신의 잔은 자신이 따른다. 게다가 무알코올 맥주도 쉽게 구할 수 있으므로 술을 못 마시는 사람도 함께 분위기를 낼 수 있다. 자신의 주량대로 마시니 과음하는 사람도 없다. 말 그대로 가벼운 술자리다.

술자리가 아니더라도 대화를 할 기회는 많다. 그런데 이 가벼운 자리에서 나누는 대화가 꼭 가벼운 대화는 아니었다. 길에서 만난 프랑스인 여성은 작년에 동생이 죽었다고 한다. 순례길이 아니었다면 처음 보는 사람에게 이런 사연을 듣기가 어려웠을 것이다. 가끔은 나와 멀다고 느껴지는 사람에게 오히려 진심을 이야기하기 편할 때가 있지 않은가?

그래서일까? 순례길에서 만나는 사람들은 자신과 아무런 관계도 없는 사람에게 자신의 내면에 품고 있던 진중한 이야기들을 가감 없이 털어놓는다. 이야기를 듣는 이들 역시 어떠한 편견도 가지지 않고 그저 상대방의 말을 듣는다. 어떠한 조언도 하지 않는다. 이 길에 올라선 사람들은 조언을 들으러 온 사람들이 아니기 때문이다.

순례길을 걷는 모두는 자기 자신과 싸움을 하는 사람들이다. 결국에는 자신과의 싸움에서 이기고 답을 찾을 것이다.

이렇듯 모두가 서로의 이야기를 존중하고 경청하기에 각자가 자신의 인생을 나누며 대화의 꽃을 피운다. 인생과 인생이 만나 서로의 삶을 나누는 이 대화의 장은 가벼운 자리에서 시작되지만 필요에 따라 조금은 무게감 있는 대화를 나누기도 한다. 하지만 무게에 눌린 상태로 끝나지 않고 다시 가벼운 자리로 돌아온다. 가벼운 자리에서 나누는 진중한 대화, 순례길의 또 다른 매력이다.

#18.
정희수 감독님 이야기

정희수 감독님은 미국 연합감리교회United Methodist Church의 북일리노이 연회 감독이다. 사회로 치면 지사장과 비슷한 역할을 한다고 볼 수 있다. 이 분을 처음 본 것은 2011년도 8월 30일이다. 내 모교 감리교신학대학교에는 매 학기를 시작할 때마다 영성집회가 열리는데 2011년도 가을 학기 영성집회 강사로 오신 분이 정희수 감독님이다. 영성집회이니 말씀을 기억해야 하는데 안타깝게도 내 기억에는 중후한 목소리와 달콤한 사랑 이야기, 그리고 이메일 주소 만이 남아 있다. 그때까지만 해도 직접 대화를 나눈 적은 없다.

그로부터 약 4년 후 대화를 나눌 기회가 생겼다. 나헤라Najera라는 마을에서 나는 처음으로 사설 알베르게에 들어갔다. 원래는 공립 알베르게를 찾아가려고 했으나 그날따라 찾아다니는 것이 귀찮게 느껴졌다. 그래서 그냥 마을 초입에 있던 사설 알베르게로 들어갔는데 바로 여기서 정희수 감독님을 재회한 것이다.

처음부터 알아본 것은 아니다. 그저 목소리가 참 좋은 분이 오셨구나, 했다. 감독님 말고도 이때 성희와 예성이를 처음으로 만났는데 한국인이라는 공통분모 하나로 우리는 점심을 같이 하게 되었다.

식사를 하는 자리에서 자연스럽게 서로를 소개하는데 내가 신학을 전공했다고 하니 본인도 신학을 했다고 하신다. 어느 학교인지를 물으니 감신이다. 스페인의 시골 마을에서 동문을 만났다. "아이구야, 후배를 만났구나!"하며 굉장히 반가워하시는 데 대화를 계속 나누다 보니 어디에서 봤던 것 같은 느낌이 든다. 조심스럽게 성함을 여쭈었다. "내 이름은 정희수라고 해요." 내 예상이 맞았다! 2011년 가을에 영성집회에서 처음 뵈었던 분을 4년 후인 2015년 가을에 나헤라에서 만났다. 내가 이메일 주소를 기억하고 있다는 것에 굉장히 신기해 하셨는데 지금 이 만남 자체보다 신기할 수는 없다.

필자(왼쪽)와 정희수 감독님

예나 지금이나 감독님은 달곰하게 살고 계셨다. 순례길에는 사모님(이라기에는 이 분도 목사님이다)과 함께 오셨는데 사모님은 이번이 두 번째라고 한다. 이전에 왔을 때는 사람이 이렇게 많지 않아서 여유로웠는데 다시 온 순례길은 사람이 너무 많아서 마을에 조금 늦게 도착하면 알베르게가 꽉 차 있던 경우도 만나셨나 보다. 이런 상황이 지속하면 체력적으로도 지치고 페이스가 끊길 수밖에 없다. 그래서 서로의 페이스대로 걷고 산티아고에서 만나기로 하셨단다. 문제는, 두 분의 연락 수단은 이메일이 전부였다.

걷다 보니 사모님이 그렇게 보고 싶으셨다고. 그래서 이메일을 보냈는데 전송이 제대로 되지 않았는지 연락이 안 됐다고 한다. 그래서 무작정 한 마을에서 이틀을 기다리셨는데 결국은 만나지 못해서 산티아고에나 가서 만나야겠다고 생각하고 걷는 중이셨다. 여기까지만 봐도 충분히 달콤한 이야기인데 식사를 마치고 알베르게로 돌아갔을 때 놀라운 일이 기다리고 있었다. 감독님의 침대에 사모님이 앉아 계셨다. 이게 대체 어떻게 된 일인가?

그러고 보니 그 날 아침에 벤토사Ventosa라는 마을을 지날 때 웬 여성분이 지나가는 사람들에게 무언가를 묻고 있었다. 외롭게 혼자 걸어가는 동양인을 봤느냐는 것이다. 알고 보니 이 여성분이 바로 정희수 감독님의 사모님이었다. 무려 7시간을 그 자리에 서 계셨다고 한다. 사모님도 산티아고에서나 봐야겠다고 생각을 하고 다시 걷기 시작했는데, 혹시나 하는 마음에 우리가 묵는 나헤라 알베르게에서 '정희수'라는 사람이 여기 왔느냐고 물으셨다고 한다. 당연히 있다! 심지어 남은 자리도 한 자리인데 그 자리는 정희수 감독님이 사용하는 침대의 2층 자리이다. 이쯤 되면 우연이 아니라 필연이다.

이후로 두 분은 떨어지지 않고 붙어서 걸으셨다고 한다. 산티아고까지 걷는 동안 나는 마주치지 못했지만 함께 걷던 예성이는 몇 번 마주쳐서 안부를 나누었다고 한다. 그리고 산티아고에서 묵시아로 제2의 순례를 시작하던 날에 산티아고 대성당에서 주일 미사에 참석했는데 미사가 끝나고 나가려는 찰나에 감독님 부부와 재회했다. 길에서 만날 때와 또 다르다. 순례를 무사히 마친 것을 확인하며 감격의 인사를 나누었다. 그렇게 서로의 순례 완주를 축하하고 떠나는 길을 축복하며 우리는 모두 각자의 길을 찾아 떠났다.

#19.
나의 사랑 Supermercado

순례길에서 가장 반가운 것은 알베르게도 바bar도 음수대도 아닌 슈퍼마켓이다. 처음 슈퍼마켓에 들어갔을 때 꽤 충격을 받았다. 식재료의 물가가 생각 이상으로 저렴했기 때문이다. 바에서 콜라 한 잔 마셔도 1.5유로 정도인데 메르까도mercado에서는 2ℓ짜리 병이 3유로 미만이다. 공산품의 가격은 그렇다 치는데 걸으면서 봤던 풍부한 땅에서 얼마나 많은 작물이 생산된다는 건지 채소, 과일, 육류까지도 매우 저렴했다. 삼겹살이 한 근에 3,000원 정도이니 우리나라 물가와 비교하면 3분의 1 수준이다.

슈퍼마켓에서 무언가를 엄청나게 많이 산 것은 아니다. 하지만 비싸서 못 살 때와 가격은 저렴하지만 굳이 안 살 때의 느낌은 다르다. 슈퍼마켓이 있는 것 자체로 이미 모든 것을 가진 것 같은 기분을 누릴 수 있었다. 그래서일까? 어느 마을을 가든 그 마을에 슈퍼마켓이 있는지부터 확인하는 습관이 생겼다.

나헤라의 한 수퍼마켓

이것은 순례를 마친 다음에도 계속되어서 바르셀로나에서도, 프라하에서도, 리스본에서도, 뮌헨에서도, 심지어 한국에서도 슈퍼마켓을 보면 그렇게 반가울 수가 없다.

사실 슈퍼마켓이 없어도 순례길에서 엄청난 돈을 쓰지 않는다. 순례길의 물가는 충분히 저렴하기 때문이다. 식당에서도 순례자를 위한 메뉴를 저렴하고 푸짐하게 내주기 때문에 항상 만족스러운 식사를 할 수 있었다. 하지만 슈퍼마켓이 있어서 더 풍요롭고 소소한 데서 행복을 찾아 누린다. 이런 점에서 슈퍼마켓은 순례자들에게 있어 천국과 같다.

#20.
용서의 언덕

팜플로나Pamplona에서 푸엔테 라 레이나Puente la Reina로 가기 위해서는 언덕을 하나 넘어야 한다. 이 언덕의 이름은 '용서의 언덕'이다. 무엇을 용서해야 할까? 아니 내가 용서를 받아야 하는 것인가? 용서하는 것도 맞고 용서를 받는 것도 맞는 것일까? 여러 질문이 교차하는 가운데 용서의 언덕이 마침내 눈앞에 나타났다.

지금이야 순례길을 걷는 이유가 다양하지만 과거에는 종교적인 이유로 걷는 사람들뿐이었다. 이 길을 걷는 것이 죄를 용서받는 수단으로 여겨지던 때가 있었다. 언덕을 오르며 한 번씩 뒤를 돌아보면 내가 걸어온 길이 한눈에 들어오는데, 과거의 순례자들은 자신이 걸어온 길을 돌아보며 또한 자신의 인생을 되돌아보았을 것이다. 그리고 지금껏 지어 온 죄를 떠올렸을 것이다. 배낭의 무게에 자신이 지어 온 죄의 무게까지 더해 가며 힘겹게 정상에 오른 순례자는 그곳에 모든 죄의 짐을 내려놓는다. 그리고 마침내 죄로부터 자유로워진다.

자신의 죄로부터 자유로워진 순례자는 이제 언덕을 내려간다. 내려가는 길이 오르는 길보다 험난하다. 돌밭 길을 지나는데 이 길을 내려가며 순례자는 발바닥의 고통을 감내해야 한다. 죄지음을 내려놓아서 가벼운 마음으로 넘을 것 같지만 뜻밖의 시련이다. 가만 생각해보니 용서를 받는 것보다 용서하는 것이 더 힘들다. 용서를 받기 위해 올라가던 용서의 언덕은 이제 무엇을 용서할 것인지 묻는다.

성경에 나오는 만 달란트 빚진 자가 떠오른다. 만 달란트를 빚진 종에게 주인이 그 몸과 아내와 모든 소유를 다 팔아서 갚으라고 하자 종은 "내게 참으소서, 다 갚으리다." 하며 애원한다. 주인은 종을 불쌍히 여겨서 그 빚을 탕감해 주었다. 이 종은 나가서 자기에게 백 데나리온을 빚진 동료를 찾아가 목을 잡고 빚을 갚으라고 한다. 동료도 엎드려 빌며 "나에게 참아주소서. 갚으리다." 하며 애원한다. 그러나 이 종은 동료의 간청을 듣지 않고 옥에 가두어 버린다. 화장실 들어갈 때와 나올 때가 다르다는 말처럼 조금 전 자신의 처지를 금세 잊은 것이다.

순례자는 조금 전 언덕을 오르며 자신의 죄지음을 내려놓았다. 용서를 받았다. 내려가는 길은 이제 용서를 베풀어야 하는 길이다. 받은 은혜를 다시 나누면서 순례자는 비로소 그리스도를 따르는 제자가 된다.

글을 쓰면서야 비로소 생각난 것이 나에게 피레네 산맥에서 스틱을 빌려 놓고 산티아고에서 주려고 했던 사람이 있었다. 산티아고에서 만나긴 했으나 기분이 나빠서 다시 연락하지 않았다. 그깟 스틱이 뭐라고 나는 순례를 잘 완주해 놓고도 한 사람에 대해 좋지 않은 마음을 품고 있었다. 이제는 이 마음도 내려놓는다. 순례길에서 항상 외치던 말이 있었다. 'EDM 정신'이다. '이게(E) 다(D) 뭐라고!(M)'

육신이 용서의 언덕을 넘은 것은 9월 7일이지만 내 영혼은 11월 6일이 되어서야 비로소 언덕을 내려왔다. 순례의 여정에서 용서의 언덕은 그저 지나가는 곳이다. 힘들게 올랐지만 이어지는 돌밭길을 따라 다시 내려가야 한다. 그곳을 지나왔다 해서 넘은 것이 아니다. 영혼까지 언덕을 내려올 때에야 비로소 용서받은 순례자는 용서하는 순례자로의 여정을 시작한다.

#21. 안타까운 현실

산티아고를 찾아오는 순례자는 점점 늘어나는 추세다. 누구나 걸을 수 있는 길이기에 전 세계에서 각계각층의 다양한 사람들이 찾아온다. 하지만 한국인에게만큼은 누구나 걷는 길이 아니었다. 산티아고의 민박집 사장님에 의하면 순례길을 찾아오는 한국인은 연령대가 어느 정도 정해져 있다고 한다. 그 연령대가 어떻게 되냐고 물으니 20대 중반에서 30대 중반, 50대 후반에서 60대 중반이라고 한다. 30대 후반에서 50대 초반은 거의 찾아보기 힘들다.

외국인들은 직장을 다니면서도 휴가를 모아서 순례길에 왔다고 하는 사람들이 상당히 많았던 반면에 한국인은 사직서를 쓰고 왔거나 권고사직을 당했다거나 혹은 명예퇴직, 정년퇴직 등 어쨌든 일을 그만두고 온 사람들이 대부분이었다. 일을 그만두지 않고는 올 수 없는 길이기에 순례길을 찾아올 수 있는 연령대 역시 한정적이다.

이것은 정말 안타까운 현실이다. 직장을 그만두어야만 순례길을 걸을 수 있다는 것 말이다. 우리 인생에서 살아온 날과 살아갈 날을 생각해 보면 길어야 40일 정도는 충분히 자신만을 위한 시간을 가져도 된다고 생각되지만 우리 현실은 그렇지 못하기 때문이다. 연가를 사용하는 것은 권리이지만, 자신의 권리도 눈치 보느라 챙길 수 없는 구조다.

누구를 탓할 수 있는 것이 아니다. 다만 순례자에게 한 가지 역할이 더해진다. 순례를 마치고 다시 돌아가는 삶의 자리를, 직장을 그만두지 않아도 순례길에 오를 수 있는 자리로 만들어 가는 것이다. 특정 연령대만 오는 길이 아니라 누구나 오는 길이 되어야 한다. 언제 이루어질지 알 수 없지만, 작은 소망을 품은 순례자들이 돌아간 자리에서 품은 소망을 놓지 않고 살아간다면, 소망은 현실이 되어 나타날 것이다.

#22.
건축도, 풍경도, 음식도 아닌 '사람'

아헤스Ages에서 부르고스Burgos로 가는 길 중간에 언덕이 하나 있다. 이 언덕의 정상에는 십자가가 우뚝 솟아 있고 그 뒤로는 아래 사진과 같은 조형물이 있다. 우리말로 번역하면 '순례자가 부르게떼에서 나바라 산을 정복하고 스페인의 광대한 들판을 본 이후에는 이처럼 아름다운 전망을 보지 못하였다.'는 말로, 이 언덕의 경치에 대한 예찬이라고 볼 수 있다.

순례길을 걷다 보면 웅장한 건축물도 있고, 아름다운 풍경도 있다. 게다가 맛있는 음식은 허기를 달래 줄 뿐만 아니라 순례길을 더욱 더 풍성하게 채워 준다. 하지만 순례길에서 무엇이 가장 아름다웠고 기억에 남았느냐를 나에게 묻는다면 나는 건축도, 풍경도, 음식도 선택하지 않을 것이다. 순례길에서 가장 아름다웠고 기억에 남는 것은 다름 아닌 사람이다. 사람이 가장 아름다웠고, 남은 기억도 사람에 대한 기억이다.

세상에는 좋은 사람이 많다는 것을, 그곳에서 매일 느낄 수 있었고, 사람을 행복하게 하는 것도, 사람을 위로하는 것도 결국은 사람이라는 것을 느끼며 걸었다. 함께 걷는 사람들뿐만 아니라 순례자를 돕는 손길도 있었다. 이곳에서 받은 사랑을 나누고자 다시 순례길을 찾아와 봉사하는 사람들도 있었고, 지역 주민들은 순례자가 길을 잘못 찾아가기라도 하면 불러서 다시 올바른 길을 알려 주었다. 그뿐만 아니라 아무 조건 없이 방금 따온 자두와 아몬드를 직접 까 주시던 할아버지도 있었고, 음식을 한가득 차려 놓고 마음껏 먹고 형편에 맞게 기부를 하라는 사람도 있었다. 자신과 아무런 관계도 없는 사람들을 단지 순례자라는 이유로 따뜻하게 맞아 주고 조건 없이 호의를 베푼다. 이를 통해 순례자는 온기를 느끼고 길을 완주할 힘을 얻는다.

순례길의 아름다움은 건축도, 풍경도, 음식도 아닌 '사람'이다.

#23. 낮에는 구름 기둥으로 인도하시니

스페인은 해가 굉장히 늦게 뜨는 편이다. 10월을 기준으로 일출 시간이 거의 7시 20분 정도이니 우리나라보다 한 시간 정도 늦게 뜨는 셈이다. 나는 보통 아침 6시 30분쯤 기상해서 7시에 걷기 시작했는데 이 시간에 걷다 보면 점점 아침이 밝아 오는 모습이 보인다. 가끔 안개가 심하게 끼는 경우도 있다. 안개가 한 번 끼면 금방 걷히는 것이 아니라 12시나 되어야 걷히기 시작한다.

처음 안갯속을 걸을 때는 참 난감했다. 어두울 때 노란 화살표가 잘 안 보였기 때문에 안갯속에서도 당연히 화살표가 잘 안 보일 것으로 생각했다. 물론 어느 정도는 타당한 예상이다. 하지만 그게 다는 아니었다. 뜻밖에 안개가 짙게 끼니 보이는 것은, 내가 걸어야 할 길뿐이다. 시선을 분산시키는 것들은 가려지고 오로지 가야 할 길만 보인다. 길을 잃을 염려도 없다. 갈림길에 들어서도 안갯속에서 노란 화살표는 홀로 반짝인다. '낮에는 구름 기둥으로 인도하시니…….'

밤에는 불기둥으로, 낮에는 구름 기둥으로 이스라엘을 인도하신 하나님이 지금 내 앞길을 구름 기둥으로 인도하신다. 구름 기둥으로 다른 길을 가려 오히려 갈 길을 밝혀주시기에 아무 염려 없이 내게 주어진 길을 걷고 또 걷는다.

'한 걸음 한 걸음 주 예수와 함께.'

#24.
오예성 이야기

맥도날드를 사랑하는 이 남자를 소개하고 싶다. 예성이는 21살이다. 대단히 어린 나이에 그것도 입대를 앞두고 순례길을 걷는다. 그런데 지금껏 보던 순례자들의 모습과는 사뭇 다르다.

그는 가끔 이렇게 사색에 잠기곤 했다.

일반적으로 한국인들은 순례길에 오를 때 굉장히 준비를 많이 하는 편이라 순례에 필요한 물품을 웬만하면 다 갖추고 있는 편이다. 그런데 예성이는 조금 달랐다.

우선 이 친구는 침낭을 가져오지 않았다. 그러면서 헤어드라이어는 가지고 왔다. 보통 침낭은 필수품이라고 이야기하고 헤어드라이어는 굳이 필요하지 않다고 이야기하는데 이 친구는 자기 소신이 분명했다.

놀라운 것은 빈대 때문에라도 알베르게에서 제공하는 침구류는 사용하지 말고 자신의 침낭을 사용하라고 권장하는 분위기이고 어떤 알베르게는 침구류를 아예 갖추지 않은 곳도 있는데 예성이는 결과적으로 순례가 끝날 때까지 침낭 없이 살았다. 빈대에 물리지도 않았고 방문했던 모든 알베르게에도 다행히 침구류가 갖춰져 있었다. 침낭은 물론이고 스프레이까지 뿌렸던 사람도 빈대에 물려서 고생하는 경우를 꽤 많이 봤는데 예성이는 전혀 물리지 않았다. 이쯤 되면 기적의 사나이라고 부를 수도 있겠다.

예성이는 순수한 면이 있다. 우선 아이들을 정말 좋아하는데 길을 가다가도 동네 꼬마들과 곧잘 논다. 대화가 딱히 통하는 것 같지 않은데도 잘 어울린다. 동물도 좋아해서 슈퍼마켓에서 일부러 간식을 사서 동물들에게 주기도 한다. 가장 인상 깊었던 것은 이 친구가 세상을 바라보는 시각에서는 사회적 지위가 전혀 고려되지 않는다는 것이다. 나이가 적당히 많으면 형이고 훨씬 많으면 삼촌이다. 정희수 감독님은 '빡빡이 삼촌'으로, 토마스 목사님은 '톰 삼촌'으로 불렀다. 이게 순례 정신일지도 모르겠다. 이곳에서는 모두가 친구라고 했는데 나도 모르게 감독님으로, 목사님으로 친구를 대했으니 내가 실수하고 있었다. 예성이에게 하나 제대로 배웠다.

길에서는 그 뜻을 미처 헤아리지 못하고 있다가 나중에서야 알게 된 것도 있다. 예성이는 항상 느지막이 일어나서 거의 꼴찌로 알베르게를 나왔다. 알베르게를 잡기 위해 많은 사람이 일찍 일어나서 분주하게 움직이던 것과 달리 예성이는 언제나 여유가 넘쳤다. 이러한 모습을 보며 단순히 잠이 많다고 생각했었다. 하지만 순례를 마치고 예성이가 자신의 순례를 정리하며 작성한 글을 보니 그는 알베르게 경쟁에서 빠지기로 했고, 그래서 느지막이 일어났다고 한다. 한 박자 늦추니 보이지 않던 것들이 보이고 더 놀라운 것은 경쟁하지 않았어도 자신이 누울 자리는 항상 있었다는 것이다. 생각해보니 길 위에서는 걸음걸이가 힘겨운 사람도 많이 있는데 경쟁을 해야만 알베르게를 잡을 수 있다면 이곳은 관광지와 다를 바 없다.

재밌는 것은 정상적인 상황이라면 예성이는 나와 점점 멀어졌어야 정상인데 신기하게도 계속 만났다는 것이다. 바에서 엉클 탐과 점심을 주문하고 있는데 뜬금없이 그 앞을 지나가는 경우도 있었고 슈퍼마켓에서 물건을 고르다가 잠시 밖에 나온 타이밍에 마주

치는 경우도 있었다. 우리는 이러한 만남이 있을 때마다 "나이스 타이밍!"을 외치며 반갑게 인사를 나누었다. 이 친구 확실히 매력 있는 캐릭터다.

예성이를 통해 배우는 것은 내가 당연하게 생각하는 것들이 꼭 당연하지 않을 수도 있다는 것이다. 아무렇지도 않게 이야기하는 사회성도 결국 내 입맛에 맞느냐 아니냐를 구분하는 말이 될 수 있다. 길 위에서 굳이 사회에서 불리는 호칭으로 누군가를 부르는 것은, 그 사람을 존대하는 것처럼 보여도 사실은 나를 친구로 만나고 싶은 사람에게 벽을 치는 것일 수도 있다. 순례길에서의 만남은 사람과 사람의 만남이고 인격과 인격의 만남이다. 다시 한 번 까미노 친구란 무엇인지에 대해 예성이를 통해 생각하고 배운다.

#25.
예약을 할 것이냐, 말 것이냐

순례와 예약은 참 이질적인 단어로 보였다. 하지만 많은 알베르게가 예약을 받고 있기에 순례길에서 예약은 더는 낯선 단어가 아니다. 하지만 길 위에 선 순례자는 한 번쯤 선택의 갈림길에 선다. 예약하고 걷느냐, 그냥 걷느냐를 고르는 문제이다.

한 번은 마을에 잘 도착했는데 알베르게에 들어가니 주인이 예약했느냐고 물었다. 하지 않았기에 안 했다고 대답했다. 그랬더니 주인은 모든 자리가 이미 예약된 상태이기 때문에 자리가 없다고 했다. 그러면서 다음 마을까지 거리가 3㎞라는 것도 알려주었다. 이때 함께 걷던 토마스 목사님의 유머가 기억에 남는다. "예수님이 태어나실 때도 여관에 방이 없었어요."

예약하지 못해서 지친 몸을 이끌고 다음 마을까지 가야 하는 상황을 유머로 승화시킬 수 있었으니 참 감사한 일이다. 하지만 길을 걸으며 한 가지 질문을 던졌다. '우리가 과연 언제까지 융통성

없이 예약을 거부할까?'

결과적으로 우리는 예약을 한 번 했다. 이유는 추석을 앞두고 함께 걷는 이들과 조촐하게나마 파티를 하고 싶었기 때문이다. 예약을 해 보니 걸음걸이가 그렇게 가벼울 수가 없다. 아무리 천천히 걸어도 내가 잘 곳이 정해져 있다는 사실 하나로 이렇게 안정감을 느낄 수 있다는 걸 이때 처음 알았다.

하지만 나에게 있어 순례길은 안정감이 주는 행복보다 불명확성 속에서 얻는 행복이 더 큰 곳이다. 정해지지 않은 길을 걷기 때문에 그곳에서 하나님을 더 찾을 수 있다. 예약하지 않아서 더 걸어야 할 때가 있었지만 그것 또한 어쩌다 한 번이다. 예성이의 말처럼 일찍 도착하든 늦게 도착하든 나를 위한 자리는 남아 있었다. 다행히도 아직 순례길에서 예약은 '옵션'에 불과하다.

예약할 것이냐, 말 것이냐 하는 선택의 갈림길에서 나는 한 번의 경험 이후 더는 예약을 하지 않기로 했다. 나보다 힘들게 걷는 누군가에게 예약 제도가 요긴하게 사용될 수 있도록 양보하기로 한 것이다. 순례길에서 운영되는 제도들이 아는 사람만을 위한 제도가 아닌 누구나 걸을 길을 만들어 나가는 제도로 아름답게 정착되어 나갔으면 하는 바람을 담아 본다.

#26.
공동 식사

토산토스Tosantos라는 마을은 아주 작은 마을이다. 이곳에 하나밖에 없는 알베르게인 알베르게 빠로꾸이알 데 토산토스Albergue Parroquial de Tosantos는 기부 제도로 운영되고 있다. 내가 처음으로 접한 기부 제도 알베르게이다. 이곳의 가장 큰 특징은 공동 식사다. 단순히 식사를 함께하는 것이 아니라 그날 저녁 식사를 함께 준비한다. 그렇다고 해서 대책 없이 준비하지는 않고 알베르게의 자원봉사자가 그날의 메뉴에 맞게 재료를 미리 준비해 두고 순례자들에게 임무를 부여해 준다. 각자 부여받은 임무만 잘 해 주면 어느새 맛있는 식사가 완성된다.

공동식사를 준비하는 순례자들

나는 이날 샐러드를 만들었는데 어떻게 하는지를 잘 모른다고 하자 자원봉사자가 시범을 보여

주며 친절하게 설명을 해 주었다. 다행인 것은 요리를 별로 안 해 본 사람도 충분히 이 일에 동참할 수 있게끔 임무를 부여해 준다는 것이다. 이렇게 모두의 손길을 거쳐 준비된 식탁이기에 이 식사의 자리에서 순례자들 간의 교제는 더욱 깊어진다.

공동 식사는 토산토스에서만 있던 것이 아니다. 다만 함께 식사를 준비하는 곳은 그리 많지 않다. 어떠한 형태이든 간에 순례길에서 공동 식사를 꼭 경험해 보라고 추천하고 싶다. 처음 보는 사람들과 식탁 교제를 나누며 축제를 즐기듯 아름다운 대화의 장이 펼쳐진다. 산 마르틴San Martin에서 묵었던 비에이라VIEIRA 알베르게에서

VIEIRA 알베르게의 초대형 빠에야

는 식사 후에 생일을 맞이한 순례자를 위해 케이크를 준비해서 작은 파티를 열어 주기도 했는데 이때 각국의 순례자들이 자기 나라의 언어로 생일 축하 노래를 돌아가며 불러 주었다. 물론 내가 한국인이니 한국어로도 축하를 해 주었다. 세계의 언어로 생일을 축하받은 순례자도 그 날을 오래도록 기억할 것이다.

공동 식사는 단순히 식사만 함께하는 것이 아니다. 단지 같은 순례자라는 이유 하나로 세계 각국에서 온 다양한 사람들이 한마음, 한뜻으로 부엔 까미노Buen Camino를 외치는 아름다운 연합이다.

#27.
Don't STOP Walking

길을 가다가 교통 표지판을 보면 낙서가 되어 있는 경우가 많다. 어떤 것은 문자 그대로 낙서인 경우가 있고 가끔은 예술 작품처럼 보이기도 하는데 그중에서도 몇 가지 인상에 남았던 것이 있다. 추월 가능 구간을 나타내는 표지판은 자동차 모양 두 개가 나란히 그려져 있는데, 누군가 두 자동차 사이 밑에 웃는 모습의 입을 그려 놓아 마치 미소처럼 보인다. 이러한 낙서는 셀 수도 없이 많았다. 또 다른 낙서는 특정 구간의 끝을 나타내는 표지판이다. 단순히 대각선으로 여러 줄이 그어져 있는 형태인데 여기에 누군가 높은음자리표와 음표를 그려 놓았다. 끝을 나타내던 표지판은 그렇게 악보가 되었다.

가장 인상 깊었던 것은 'STOP' 표지판이다. 말 그대로 일단 정지하라는 것인데 낙서가 된 표지판을 처음 발견한 때는 알베르게에 자리가 없어서 3㎞를 더 걸어야 했던 날이다. 멀리서 보면 평

범한 표지판인데 조금 가까이 가 보니 누군가 보충을 해 놓았다. 'Don't STOP Walking.' 주어진 상황 때문에 계속해서 길을 걸어야 했던 나에게 정확히 어울리는 말이다. 걸음을 멈추지 마라!

스페인의 격언 '서두르지 말되 멈추지도 말라sin prisa, sin pausa'를 다르게 표현한 듯한 이 낙서는 강렬히 기억되어서 이후로 걷다가 힘들 때 이 표지판을 떠올렸다. 걸음을 멈추지 마라! 낙서가 꼭 나쁜 것은 아니다. 가끔 이런 센스 있는 낙서는 순례길에서 웃음과 힘을 준다. 그리고 계속해서 걸어갈 용기를 준다.

#28.
공동 기도회

산티아고 가는 길이 '순례길'이라는 이름을 가지고 있는 이상 이곳에 기도는 뗄 수 없는 단어다. 하지만 종교적인 이유로 찾아오는 이들보다 다른 이유로 찾아오는 사람들이 많아지다 보니 오히려 기도가 소중해지는 현상이 발생한다. 감사하게도 몇몇 알베르게는 매일 공동 기도회를 하고 있다.

일반적으로 한국에서 기도회라고 하면 인도자가 기도 제목을 나열하고 이에 대해 통성으로 기도하는 것이 떠오른다. 하지만 알베르게의 공동 기도회는 통성 기도가 아니다. 정해진 기도문 양식이 있고, 이를 순례자들이 돌아가면서 읽는다. 사람이 많은 경우는 언어가 다른 사람들이 한 명씩 대표로 낭독한다. 내가 갔던 날은 스페인어, 독일어, 프랑스어, 영어, 이탈리아어로 돌아가며 낭독을 했고, 기도문의 중간에 떼제 찬양을 부르는 순서가 있었는데 내가 노래를 알고 있다는 이유로 선창했다.

각자 사용하는 언어가 다른 사람들이 함께 모여 서로를 위해, 서로의 순례를 위해 진심을 담아서 기도한다. 시간이 긴 것도 아니고 소위 말하는 '뜨거운 기도회'도 아니다. 대부분이 처음 접하는 양식으로 기도회를 진행하고 심지어 어떤 사람은 기도회에 참여한 것 자체가 처음이기에 조금 어설픈 면이 있다. 하지만 기도회에 임하는 순례자들의 진중한 마음이 어설픔을 충분히 덮고도 남는다.

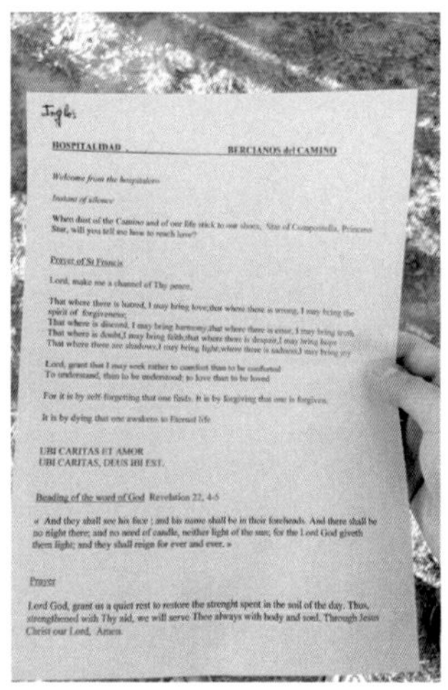

HOSPITALIDAD — BERCIANOS del CAMINO

Welcome from the hospitaleros

Instant of silence

When dust of the Camino and of our life stick to our shoes, Star of Compostella, Princess Star, will you tell me how to reach love?

Prayer of St Francis

Lord, make me a channel of Thy peace.

That where there is hatred, I may bring love;that where there is wrong, I may bring the spirit of forgiveness;
That where is discord, I may bring harmony;that where there is error, I may bring truth
That where is doubt,I may bring faith;that where there is despair,I may bring hope
That where there are shadows,I may bring light;where there is sadness,I may bring joy

Lord, grant that I may seek rather to comfort than to be comforted
To understand, than to be understood; to love than to be loved

For it is by self-forgetting that one finds. It is by forgiving that one is forgiven.

It is by dying that one awakens to Eternal life

UBI CARITAS ET AMOR
UBI CARITAS, DEUS IBI EST.

Reading of the word of God Revelation 22, 4-5

« And they shall see his face ; and his name shall be in their foreheads. And there shall be no night there; and no need of candle, neither light of the sun; for the Lord God giveth them light; and they shall reign for ever and ever. »

Prayer

Lord God, grant us a quiet rest to restore the strenght spent in the soil of the day. Thus, strengthened with Thy aid, we will serve Thee always with body and soul. Through Jesus Christ our Lord, Amen.

공동기도문 양식

UBI CARITAS ET AMOR, UBI CARITAS DEUS IBI EST.

사랑이 있는 곳에 하나님이 계시다.

내가 선창했던 곡의 가사와 같이 순례자들이 서로를 사랑하는 마음으로 축복하고 기도하는 이 자리에, 하나님이 함께하신다.

#29.
순례자에게 주어지는 면류관

아스토르가Astorga에는 가우디 궁전이라 불리는 건물이 있다. 한눈에 보기에도 독특한 외관을 자랑하는 이 궁전은 본래 주교 궁으로 쓰였으나 지금은 박물관으로 사용되고 있다. 이 박물관에 있는 그림 한 점이 눈에 들어왔다. 두 그림이 상하로 배치되어 있는데 위쪽에는 성 안드레와 성 바울이 있다. 십자가를 들고 있는 안드레와 양날 검을 들고 있는 바울의 모습을 어떻게 해석해야 할지는 잘 모르겠다만 천국에서 만난 두 사람을 묘사했을지도 모르겠다.

밑에 그림은 조금 더 이해하기 쉬웠다. 성 베드로와 성 야고보가 나란히 서 있다. 로마 가톨릭의 전승에 따르면 베드로가 천국 문의 열쇠를 가지고 있다고 한다. 그림에서도 베드로는 천국 문의 열쇠를 들고 있다. 하지만 사도 중에서 가장 먼저 순교한 것은 다름 아닌 야고보다. 조금은 모순적이지만 여하튼 그림에서 야고보는 순례자의 모습이다. 모든 여정을 마치고 마침내 천국에 입성한 야고

보의 앞에는 면류관이 놓여 있다.

나는 그림에 대해 전혀 모른다고 해도 과언이 아닐 정도로 문외한이다. 하지만 이 그림 앞에서는 잠시 멈춰 섰다. 순례를 마친 야고보의 앞에 놓인 면류관은 마치 순례길을 완주한 자에게 주어지는 영광처럼 느껴졌다. 농담처럼 했던 말이 "순례길 안 걷는다고 지옥 가는 것도 아닌데 순례길 걷는다고 무슨 부귀영화를 바라겠어요."였는데 그럼에도 불구하고 순례자의 최후 승리를 그린 이 작품이 와 닿는 것은 어쩔 수 없다.

순례길을 완주하고 물질적으로 내게 주어지는 것은 순례증명서 하나뿐이다. 하지만 물질로 표현할 수 없는 가치를 이미 온몸으로, 온 맘으로 얻었다. 순례자에게 주어지는 순례증명서는 내가 이 길을 완주했기에 가치 있는 것이지, 모르는 이들에게는 그저 종이 한 장일 뿐이다.

순례자에게 주어지는 면류관은 그림에서처럼 화려하지 않을 수도 있다. 그러나 면류관을 가치 있게 만드는 것은 면류관의 화려함이 아니라 길을 걸으며 순례의 여정을 완성한 순례자 자신이다. 그래서 같은 순례길이지만 주어지는 면류관은 다 다르다. 비교하라고 받은 면류관이 아니다. 순례길에서 남들과 속도 경쟁을 하지 말고 자신의 속도로 걸어야 한다는 것을 배웠듯이 내가 받은 면류관이 나에게 가치 있는 면류관이라면 그것으로 충분하다.

#30. 길 잃은 노새

길에서 노새를 처음 본 것은 베르시아노스 델 레알 까미노Bercianos del Real Camino에서 만시야 데 라스 물라스Mansilla de las Mulas로 가는 길이었다. 이때만 해도 노새는 혼자 있지 않았다. 이 노새의 주인은 캐나다에서 온 가족이다. 부부와 아이 세 명, 그리고 노새와 견공까지 일곱 식구가 함께 움직인다. 그 자체만으로도 구경거리가 되는 가족이다.

지역 주민들은 매일 순례자들을 볼 텐데 이렇게 걷는 광경은 자주 있는 일이 아닌 듯 신기하게 바라본다. 특히 트럭 운전기사들은 속도를 잘 안 줄이려고 하는 편인데 이 가족이 걸어오는 모습을 보고 안전하게 걸어갈 수 있도록 속도를 줄이는 모습이 인상적이었다. 속도를 줄이는 운전기사의 표정은 굉장히 신기한 광경이라는 듯이 호탕하게 웃고 있었다. 역시 이 가족은 흔한 모습이 아니다.

노새를 다시 보게 된 것은 다음 날 아침이다. 평소와 다름없이 걷고 있는데 앞에 두 명의 여성과 노새가 있었다. 처음에는 노새를 데려온 사람이 또 있구나 싶었는데, 가까이 가 보니 어제 봤던 그 노새다. 이게 도대체 어떻게 된 일인가? 자초지종을 들어보니 노새가 풀려서 혼자 걸어가고 있었다는 것이다. 그러면서 우리에게 도움을 요청했다. 하지만 이 난감한 상황에 당장 할 수 있는 것이 떠오르지 않는다. 그 가족이 어느 마을에서 머물렀는지도 알 수 없고 노새는 힘이 보통 센 것이 아니다. 노새가 움직이면 사람은 따라갈 수밖에 없다. 그러니 끈을 붙잡고 있긴 하지만 사람이 노새를 이끄는 것인지 노새가 사람을 이끄는 것인지 알 수 없는 모양새가 된다.

그러던 중에 토마스 목사님이 좋은 생각을 떠올렸다. 큰 나무에 우선 노새를 묶어 두기로 한 것이다. 마침 나무 옆에는 수로도 있어서 노새가 갈증을 해결할 수도 있다. 토마스 목사님이 일명 보이스카우트 매기법으로 나무에 끈을 묶으니, 노새는 애써서 저항하지 않고 더는 따라오려 하지도 않았다. 하지만 서글프게 우는 소리가 들려온다. 그래도 어쩔 수 없다. 일단 묶어둔 곳 위치를 저장해 두고 다음 마을에서 경찰에 신고하기로 했다.

다시 걷기 시작하는데 저 멀리서 차가 한 대 온다. 자세히 보니 경찰차다. 크게 손짓을 해 경찰차를 세웠다. 노새가 풀려서 혼자 길을 헤매고 있어 나무에 묶어 놓았다고 말을 했다. 노새의 주인은 캐나다인 가족이라는 것을 알려 주고 그들의 사진도 보여 주었다. 이제 경찰이 알아서 인근 마을 알베르게에 연락하여 그 가족을 추적할 것이다. 그리고 노새는 다시 주인의 품으로 돌아갈 것이다.

아침의 해프닝은 이렇게 우리 손을 완전히 떠났다. 그리고 우리는 다 함께 외쳤다. "Praise the LORD!"

#31.
Pilgrim's Thanksgiving Day

추석 하루 전의 일이다. 이날의 목적지는 원래 비야프랑카 델 비에르소Villafranca del Bierzo였다. 일찍 출발하기도 했고 꽤 빠르게 걸었기 때문에 도착한 시간도 당연히 늦은 시간은 아니었다. 그래서 마을 초입에 있는 공립 알베르게를 그냥 지나치고 사설 알베르게를 찾아갔다. 하지만 우리가 미처 생각하지 못한 변수가 있었다. 이날이 마을 축제가 있는 날인데 한 개도 아니고 두 개가 겹치는 날이다 보니 이미 마을의 모든 숙소가 가득 찼다는 것이다. 정확히는 예약이 가득 차 있었다. 마을의 가장 끝에 있는 알베르게에 자리가 있다는 정보를 듣고 찾아가 보았으나 그곳도 이미 가득 찬 상태였다.

친절하게도 알베르게의 주인이 공립 알베르게에는 자리가 남아 있다며 자신의 차로 태워다 주겠다고 했다. 그러나 마을 초입에서 마을 끝까지 거의 2㎞는 되는 것 같아 다시 뒤로 돌아가는 것이 싫었다. 함께 걷던 토마스 목사님을 설득해서 다음 마을인 뻬레예Pereje까지 더 가기로 했다.

막상 걷기 시작하니 대낮이어서 상당히 더웠다. 특히나 이미 상당히 먼 거리를 걸어왔는데 추가로 더 걸어야 하는 상황이라 몸도 마음도 상당히 지친 상태로 걸어야 했다. 다른 순례자가 뻬레예까지 4㎞라고 말해서 용기를 얻고 걷기 시작했는데 암만 봐도 4㎞가 아니다. 알고 보니 5㎞가 넘는 거리였다.

길을 걸으면서 가장 큰 걱정은 뻬레예가 매우 작은 마을이고 알베르게도 하나밖에 없는데다가 침대 수가 많은 것도 아닌데 만약에 꽉 찼으면 어떡할까, 하는 생각이었다. 아마 이날 같은 이유로 더 걸어야 했던 순례자들이 모두 같은 생각을 했을 것으로 생각한다.

그도 그럴 것이 평소에는 알베르게에서 줄을 서는 것에 크게 민감하지 않았던 순례자들이 이날만큼은 줄에 굉장히 민감했다. 한 사람이 착각해서 앞으로 가자 바로 불러서 뒤로 가라고 말하는 모습은 이날 처음 봤다. 모두가 지쳐 있으니 그럴 만도 하다.

다행히도 자리는 충분히 남아 있었다. 그리고 뻬레예에서 자리가 없어서 더 걸어야 하는 사람은 나타나지 않았다. 조금은 예민했던 사람들도 다시 안정을 되찾았다.

이날 저녁 식사를 하면서 다음 날이 추석이기에 내일이 'Korean Thanksgiving Day'라고 말했다. Thanksgiving Day가 무엇인가? 직역하면 감사하는 날이다. 단지 추수를 감사하는 날이라 하여 추수감사절이라고 부르는 것이지 그 날의 본질은 감사하는 데 있다. 이것은 우리나라도 마찬가지다. 한 해 농사를 잘 짓고 풍요로운 수확을 한 것에 대해 감사하는 날이 추석이다.

여기까지 생각이 드니 특별한 날이어야만 Thanksgiving Day가 아니라는 기분이 들었다. 순례자는 매일 매일 걸을 수 있음에 감사하고, 특히나 오늘처럼 예정보다 더 걸어야 하는 등 고생을 한 날은 그래도 무사히 도착해서 쉴 수 있음에 감사하다. 물론 식사를 할 때도 일용할 양식을 주심에 감사하고, 목을 축일 수 있는 비가 있음에, 그늘이 있음에, 식수대가 있음에 감사하다.

하루하루가 순례자가 감사해야 할 날이다. 그래서 다시 말했다. "Today is Pilgrim's Thanksgiving Day!" 모두가 크게 웃으며 공감한다. 오늘뿐만이랴? 매일이 순례자들의 감사절이다.

고생할수록 감사도 더욱 깊어진다. 길을 걸으면 걸을수록 감사의 대상은 점점 더 사소한 것들로 좁혀진다. 순례자는 하루하루 일상의 기적을 경험하며 살아가기에 모든 것들이 감사한 것뿐이다.

고생하면 할수록 감사도 더욱 깊어진다.

이 글을 쓰는 지금도 길을 걷고 있을 순례자들에게 전하고 싶다.

"Everyday is
Pilgrim's Thanksgiving Day!"

#32. 라면 한 그릇의 행복

해외여행 가면 음식이 잘 안 맞아서 고생을 했다는 사람을 여럿 볼 수 있다. 다행히도 스페인의 음식은 한국인과 어느 정도 잘 맞는 편이어서 심하게 고생하는 사람은 못 봤다. 그래도 한국인 하면 매운 맛인데 스페인의 음식은 좀처럼 맵지 않다. 물론 중국 상점을 찾아가면 한국 라면과 고추장 등을 구할 수 있다. 하지만 이것도 어느 정도 규모가 있는 도시가 아니면 찾기 힘들다. 게다가 라면을 구했다 하더라도 주방을 사용할 수 있는 알베르게를 찾아야 한다.

감사하게도 한국 까미노친구들연합에서 많은 노력을 기울인 덕에 중국 상점을 찾지 않아도 라면을 먹을 수 있는 식당이 생겼다. 아직 두 개밖에 없지만 그래도 라면에 공깃밥, 심지어 김치까지 먹을 수 있기에 한국인에게는 매우 특별한 곳이고, 특별한 메뉴라 할 수 있겠다. 특별한 음식은 특별한 날 먹어야 제맛이다. 내가 라면을 파는 식당을 지나간 날은 마침 추석이었다. 추석 아침에 라면과 공깃밥, 김치를 먹으니 그 만족감은 실로 엄청났다. 라면이 명절 음식은 아니지만 우리는 라면을 한국의 전통 음식이라고 부르기로 했다.

뚝배기 그릇, 놋으로 된 수저와 나무젓가락까지 세심하게 준비했다.

한국인이 가장 많이 들고 다니는 가이드북에 식당에 대한 정보가 적혀있을 뿐만 아니라 이 식당은 밖에 태극기까지 걸고 있다. 그래서인지 지나가는 한국인들이 다 이 식당을 거쳐 간다. 항상 봐오던 얼굴이지만 명절 아침에 보니 더욱 반갑게 느껴진다. 외국인들과는 공감하기 힘든 한국인들만의 유대감은 대단한 것에서 느껴진 것이 아니라 바로 라면 한 그릇을 통해 느껴졌다. 라면 한 그릇이 6유로나 하지만 돈으로 살 수 없는 행복을 함께 얻으니 한국인 순례자는 이를 '라면 한 그릇의 행복'이라 표현한다.

#33. LOOK, TOM!

나와 함께 걷던 분은 토마스 목사님이다. 목사님이라고 부르면 벽이 생기는 것 같으니 삼촌으로 부르라고 하셔서 순례길에서의 공식 호칭은 '엉클 탐uncle TOM'이었다.

엉클 탐을 처음 만났을 때는 나와 걸음 속도가 맞지 않아서 조금 고생을 하셨다. 뱁새가 황새 쫓아가려니 힘들다고 농담 반 진담 반으로 페이스북에 포스팅하기도 하셨는데 이 글을 본 엉클 탐의 아들이 걱정하면서 문자를 보냈단다. '아빠, 그 사람하고 같이 다니지 마. 그 사람 위험해. 아빠가 다칠지도 몰라.'

다행히도 며칠 같이 걷다 보니 발걸음이 점점 맞기 시작했다. 엉클 탐은 내가 배려해 준다고 말씀하셨지만 사실 배려는 아니고 단지 마음에 맞게 걸어간 것뿐이다.

뜻밖에 위기는 산티아고에 거의 도달해 갈 때 왔다. 산티아고까지 약 75㎞ 정도 남은 지점에서 걷고 있는데 이날 우리가 점심을 제대로 못 먹고 걷고 있었고 땀도 굉장히 많이 흘렸다. 그래도 가기로 한 마을에 거의 도착을 했기 때문에 발걸음을 재촉하고 있었는데 갑자기 엉클 탐이 나를 부르시더니 다급하게 말씀하신다. “이 선생, 나 당이 떨어졌어요. 혹시 젤리나 사탕 같은 거 가지고 있어요?” 마침 가지고 있던 것이 있어서 얼른 빼서 드렸다. 다행히도 걸을 수 있는 상태는 유지되어서 목적지까지 찾아갈 수 있었다. 엉클 탐은 여러 곳을 다니셨고 힘든 여행도 이번이 처음은 아니지만 이렇게 갑자기 당이 떨어지는 상태를 처음 겪으신다고 한다.

재밌는 것은 당이 떨어지기 불과 5분 전에 누군가 '추월 구간 끝' 표지판에 'LOOK, TOM! THIS MASSAGE IS FOR YOU!'라고 써 놓은 낙서를 보고 크게 웃으며 사진까지 찍고 왔는데 이것이 정말 경고의 메시지가 되었다. 남들 앞질러 갈 생각하지 말고 천천히 가라는 이 메시지를 보면서, 이것을 엉클 탐을 아는 사람이 적었다, 와이프께서 몰래 와서 적어 놓고 가셨다, 이름만 같은 동명이인에게 누군가 써놓은 말이다, 'TOM'이라는 사람과 낙서를 한 사람은 같이 걷고 있었을지도 모른다 등등, 추리를 하며 깔깔 웃었는데 5분 만에 상황이 달라졌으니 지나간 메시지가 떠오르는 것도 당연했다.

또 한편으로는 엉클 탐과 처음 걷기 시작할 때 아들이 보낸 메시지도 떠오른다. '아빠, 그 사람하고 같이 다니지 마. 그 사람 위험해. 아빠가 다칠지도 몰라.' 나를 만나는 바람에 걷는 것에 대해 더는 두려움이 없어졌다고 말씀하셨던 엉클 탐이기에 정말 내가 위험한 사람이 되었다는 생각도 든다.

어쨌든 위기가 있었기에 순례를 마무리하기 전 호흡을 다시 한 번 가다듬을 수 있었다. 끝날 때까지 끝난 게 아니다. 산티아고까지 불과 삼 일을 앞둔 지점에 적혀있던 'LOOK, TOM!'은 어쩌면 거의 다 왔다는 안도감에 무리해서 걷지 말라는 경고일 수도 있겠다. 급할수록 돌아가라는 말처럼 산티아고가 가까워질수록 순례자는 빨리 들어가겠다는 마음을 다스리고, 걷던 속도를 잘 유지하는

지혜가 필요하다. 또한 목적지에 거의 다 왔다고 해서 끼니때를 놓치면서까지 걷지 말고 먹어야 할 때 먹고 쉬어야 할 때 쉬어야 한다. 다시 한 번 스페인의 격언을 떠올린다.

'서두르지 말고, 멈추지도 말라.'

#34.
"이 선생은 어떤 바람을 일으킬 거요?"

16세기 마틴 루터는 로마로 성지순례를 하면서 종교의 타락을 몸소 경험했다. 형식만 살아있을 뿐 신앙은 빠진 미사, 사제에게조차 달라붙어 장사하는 창녀들을 보며 교회가 부패할 만큼 부패했다는 것을 느꼈다. 특히 빌라도의 계단을 무릎으로 기어서 오르는 순례자들을 보며 그도 기어서 올랐는데, 너무나 아파서 도중에 포기하고 내려왔다고 한다. 하지만 고통을 감내하면서까지 계단을 기어서 오르며 주님의 기도를 외우는 사람들을 바라보던 루터는 생각했다. '이렇게 하는 것이 과연 죄 사함을 받는 길인가?' 그렇게 강한 의심을 하고 돌아온 루터는 가톨릭 교회가 사제들도 타락했을 뿐더러 비성경적인 신앙을 가르치고 있다고 생각하고, '교회는 개혁이 필요하다'고 결론 내린다. 그리고 '95개조 반박문'을 붙임으로서 종교개혁을 일으킨다.

나를 항상 '이 선생'이라고 불러 주시는 엉클 탐이 순례가 끝

산티아고 대성당의 계단에서 마틴 루터 퍼포먼스를 하는 토마스 목사님

나 갈 때쯤 나에게 물으셨다. "마틴 루터는 순례를 하고 나서 종교개혁을 일으켰는데 이 선생은 순례하고 나서 어떤 바람을 일으킬 거요?"

순례 이후에 대해 사실 그리 생각해 보지 않았다. 나에게는 어느 정도 정해진 과정이 있었고, 그저 과정을 잘 밟아 가면 목사 안수를 받는다. 이후에는 열심히 사역을 감당한다는 거시적인 계획을 하고 있을 뿐이었다. 순례자는 인도자가 되어야 한다고 말을 하긴 했으나 나는 도대체 무엇을 해야 할까? 어떤 바람을 일으켜야 할까? 순례를 마치는 날까지 나는 이 질문에 대답하지 못했다. 하지만 이 글을 쓰는 지금 이 순간에도 나에게 끊임없이 들려오는 질문이다. "이 선생은 어떤 바람을 일으킬 거요?"

순례자가 아닌 인도자로 발걸음을 내디딘 지금, 가진 것을 잃을까 두려워서 외면하고 있던 것들이 떠올랐다. 아니, 정확히는 외면하지 않는 척하면서 의식 있는 척 '코스프레' 하고 있던 것이다. 현장에 답이 있다고 말을 하면서도 현장에서 벗어나고 싶어 했다. 다행히 이제라도 깨달았으니 현장에 가서 답을 찾아야겠다. 다시 한 번 엉클 탐의 질문이 내 마음에 울려 퍼진다.

"이 선생은 어떤 바람을 일으킬 거요?"

#35.
누군가에게는 내 모습이 관광지?

일반적으로 해외로 나가는 경우는 업무로 인한 것이 아닌 이상 관광, 여행하러 간다고 표현한다. 하지만 순례길에 오르는 사람은 다르다. 순례자는 순례자일 뿐 관광객이 아니다. 그런데 산티아고에 다가갈수록 독특한 현상을 발견했다. 순례길 자체가 유럽연합과 유네스코에서 지정한 문화유산이기 때문에, 이 길을 체험하러 오는 관광객들이 나타나기 시작한 것이다.

물론 어떤 사람들은 체험 중에도 순례한다는 마음가짐으로 걷는 사람들이 있다. 하지만 정말 관광을 하는 사람도 있었다. 그 모습은 마치 뒷산을 가볍게 산책하는 모습이었다. 그리고 이들의 눈에는 순례길만 관광지가 아니라 이 길을 걷고 있는 순례자들 또한 구경거리로 보였나 보다. 어느 순간 걷고 있는 내 모습을 사진에 담고 있는 사람들이 보이기 시작했다. 이때까지는 내가 관광 상품이 되어 가는 게 그리 달갑지만은 않았다. 종착지인 산티아고에 도착해서야 마음이 조금 누그러졌다.

산티아고는 순례의 종착지이기도 하지만 관광지이기도 하다. 그래서 산티아고 대성당 앞 계단에 앉아 있으면 순례자와 관광객이 동시에 보인다. 보통의 경우는 순례자와 관광객을 복장만으로도 구분할 수 있는데 나는 누가 봐도 순례자로 보인 모양이다.

몇몇 사람이 다가온다. 먼저 중학생 정도로 보이는 무리였다. 이 친구들은 굉장히 해맑게 다가와서 함께 사진을 찍어도 되느냐고 물어 본다. 거절할 이유가 없다. 다음 날은 한 가족이 다가와서 자신의 아이들이 순례자와 사진을 찍고 싶어 하는데 함께 찍어 줄 수 있느냐고 묻는다. 역시 거절할 이유가 없다.

내가 배낭을 메고 있을 때는 내 모습을 신기한 듯 쳐다보는 시선과 셔터가 나를 관광 상품으로 전락시킨다는 생각이 들었지만 배낭을 내려놓고 나니 관광객도 순례자들의 모습을 담으면서 이 길을 걷고 싶은 마음을 함께 담고, 완주한 순례자들을 축하하고 격려하면서 나의 순례에 작게나마 동참해 준다는 생각이 들었다. 그러니 사진을 찍고 싶다고 다가오는 사람들이 순례길을 완주한 사람의 기운 또한 담아가고 싶어 하는 것으로 보였다.

부정적인 마음이 누그러졌다. 나 자신이 관광 상품이면 어떠랴? 나를 바라보며 누군가 대리 만족이라도 할 수 있으면 그것도 순례의 보람이다. 비바람이 순례의 일부이듯 관광객도 순례의 일부다.

#36. No Taxi!

내가 생장에서 산티아고까지의 첫 번째 순례와 산티아고에서 묵시아까지의 두 번째 순례를 모두 완주하는 데 걸린 기간은 총 33일이다. 천천히 걷는다고 걸었지만 결과적으로 굉장히 빨리 걸었다. 내가 가장 좋은 체력을 가지고 있을 때 걸었으니 가능했던 결과다. 이 기간에 힘들지 않았다고 하면 그것은 거짓말이다. 남들보다 덜 힘들 수는 있지만 덜 힘든 것과 안 힘든 것은 엄연히 다르다. 버스나 택시를 타고 싶었던 순간이 몇 번 있었다. 그중에 가장 기억에 남는 순간은 묵시아Muxia로 가는 구간 중 네그레이라Negreira에서 올베이로아Olveiroa로 가는 여정이다.

산티아고에서 묵시아까지의 두 번째 순례를 시작하던 날 야속하게도 비가 참 많이도 내렸다. 출발할 때는 잠시 비가 멎었지만 네그레이라에 도착할 때쯤부터 다시 비가 내리기 시작했다. 이때까지만 해도 나쁘지 않았다. 다음 날 아침에는 비가 잠시 소강상태였기 때문에 다행히 비가 별로 오지 않는구나 싶었다.

하지만 이때부터 모든 순례 구간 중에서 가장 험난했던 여정이 시작되었다. 해가 떠오를 즈음부터 다시 내리기 시작한 비는 곧 폭풍우처럼 쏟아졌다. 우의를 입었으나 옷은 다 젖어 가고 있었고 신발도 방수 기능을 완전히 잃었다. 덕분에 깔창이 더 이상 물을 머금을 수 없을 만큼 젖었고 이로 인해 걸음걸음마다 물컹한 느낌이 매우 찝찝하게 전해졌다. 게다가 바람도 어찌나 세게 불던지 비를 맞는 것이 아플 지경이었다.

상황이 이 지경인데 바가 하나도 보이지 않았다. 이 구간은 걷는 사람이 별로 없어서 수요가 적으니 바가 많을 리 없다. 이런 상황에서 순례자가 당장 할 수 있는 선택은 일단 걷는 것뿐이다. 휴대전화도 데이터만 사용 가능할 뿐 전화는 사용할 수 없게 해서 가져왔으니 택시를 부르려고 해도 일단 바나 알베르게를 찾아야 한다. 만약 이 길을 혼자 걸었으면 참 외롭고 힘들 텐데 다행히도 함께 걷는 이가 있었기에 서로 격려하며 힘을 낼 수 있었다. 그렇게 한참을 걷다 보니 바가 나왔다. '살았다!' 사막의 오아시스를 만난 듯 반가운 마음으로 들어갔다.

길 위에서는 보기 힘들었던 다른 순례자들을 바에서 볼 수 있었다. 폭풍우를 뚫고 걷느라 고생한 것을 모두 잘 알기에 자연스레 서로를 격려하는 분위기이다. 하지만 비가 멈출 생각을 하지 않는다. 또한 산티아고를 지난 이후로는 마음가짐이 미묘하게 달라졌다. 굳이 걸어가지 않아도 되는 길을 걷는다는 생각이 든 것이다. 그래서일까? 걸어야겠다는 생각보다 오늘은 택시를 타고 가서 쉬고 싶다는 생각이 간절히 들었다. 마침 함께 걷던 친구도 생각이 같아서 조심스레 바의 주인에게 택시 전화번호를 물어봤다.

그런데 택시라는 단어를 들은 다른 순례자들 반응이 심상치 않다. "Taxi? No Taxi!" 여기까지 걸어와 놓고 왜 택시를 타냐는 것이다. 지금까지 잘 걸어 왔던 것처럼 페이스를 잘 조절해서 계속 걸어가면 되지 않느냐고 말을 하며 정 힘들면 차라리 오늘 하루 이 마을에서 쉬고 가란다. 이쯤 되니 마치 죄인이 된 기분이다. 괜히 자존심도 상했다. 그래도 어쩌겠는가? 힘든 건 힘든 거다. 한데 가격이 만만치 않다. 목적지까지 불과 20㎞ 구간인데 택시 요금은 무려 30유로다. 둘이 나누어 낸다고 해도 15유로다. 이 정도면 숙박비와 점심까지 할 수 있는 돈이다. 이미 절약하는 생활에 익숙해졌기 때문에 여기에 15유로를 쓰기는 아깝다는 생각이 들었다. 좀 더 고민한 끝에 우리는 일단 다음 마을까지 걷고 거기서 다시 생각해 보기로 했다. 하지만 마음은 이미 오늘 끝까지 걷기로 작정했다.

다시 걷기 시작한 길은 고난 길도 이런 고난 길이 없었다. 비가 내리는 정도가 아니라 퍼붓는 수준이었고, 바람도 마치 태풍이 부는 듯했다. 아닌 게 아니라 약 5분 정도는 도저히 걸을 수 없어서 우리는 서로에게 의지한 채로 잠시 폭풍우를 맞고 있을 수밖에 없었다. 지금 와서 회상하면 그 장면은 마치 영화의 한 장면 같지만, 당시에는 재앙 그 자체였다. 게다가 빗물이 고여 물웅덩이를 지나기도 했는데 퇴비까지 섞인 물이었다. 발목까지 잠기는 이 웅덩이를 그저 밟고 지나갈 수밖에 없었다. 그렇게 다음 마을까지 갔는데 이렇게 고생해 놓고 이제 와서 택시를 탈 수는 없는 노릇이다. 당연히 계속 걷기로 했다. 감사하게도 이때부터 해가 뜨기 시작해서 목적지인 올베이로아까지 10㎞ 구간은 비를 맞지 않고 걸을 수 있었다.

알베르게에 들어가니 먼저 도착한 사람들이 보인다. 아까 바에서 만났던 사람들도 있다. 택시를 타고 먼저 도착한 줄 알았던 우리가 자신들보다 늦게 누가 봐도 고생한 모양을 하고 나타나자 굉장히 반가워하면서 택시를 타지 않았느냐고 묻는다. 당당하게 대답했다. "No Taxi!" 택시를 타지 않고 걸어왔다는 이유 하나로 참 많은 사람에게 격려를 받았다. 하지만 한 번 택시를 타려고 했다는 이유 하나로 이후 우리를 볼 때마다 익살스럽게 "No Taxi?"를 외치는 사람들이 많아졌다. 그래도 상관없다. 결과적으로 우리는 묵시아까지 걸어서 갔으니 말이다.

다시 생각해보면 우리가 그렇게 힘들었던 상황에 택시를 타지 말라고 말해 주던 사람들이 있었기에 오기라도 생겨서 더 걸어갈 힘이 났을지도 모르겠다. 어쨌든 이렇게 고생을 많이 한 날은 감사도 깊어진다. 이날 다시 한 번 순례자들에게 말해 주었다.
"Today is Pilgrim's Thanksgiving Day!" 그리고 한마디 더 했다.

"No Taxi!"

#37.
카메라를 되찾다

순례길에서의 나는 상당히 꼼꼼하고 준비성이 철저한 사람으로 다소 과대 포장되어 있었다. 하지만 이것이 과대 포장이라는 사실은 그 누구보다 내가 가장 잘 안다. 나는 원래 산만하고 덜렁댄다는 말을 더 많이 듣고 자랐다. 그도 그럴 것이 어딜 가도 누가 챙겨 주지 않으면 무언가 하나씩 두고 오는 경우가 부지기수였다. 하지만 순례길에서는 내가 긴장을 한 탓인지 물건을 두고 오지도 않았고 준비성도 꽤 좋은 편에 속했다. 그러다 보니 꼼꼼하고 준비성도 철저한 사람처럼 보였다. 하지만 긴장이 어느 정도 풀렸을 때 일이 일어나고 말았다. 카메라를 알베르게에 두고 온 것이다.

장소는 올베이로아. 알베르게의 침대에 카메라를 걸어 두었는데 아침에 출발할 때 카메라를 미처 발견하지 못하고 그대로 두고 왔다. 이를 파악한 때는 이미 3㎞ 정도 걸어온 뒤다. 다시 돌아갔다가 오자니 왕복이 6㎞다. 상당히 애매한 거리이기에 일단 다음 마을 바에서 아침 식사를 하면서 방법을 생각해 보기로 했다.

다음 마을은 올베이로아로부터 약 5㎞ 정도 떨어진 곳에 있었다. 이곳에서 아침 식사를 하면서 알베르게 주인에게 택시 전화번호를 물어봤다. 주인은 어디로 가려고 하느냐고 물었고 나는 올베이로아에 갔다가 다시 와야 된다고 대답했다. 그러자 왜 올베이로아를 다녀와야 하느냐고 물었다. 카메라를 알베르게에 두고 왔기 때문에 가져오려고 한다고 대답했다.

이 말을 들은 주인이 잠시 기다리라고 하더니 내가 묵었던 알베르게로 전화를 걸어서 내가 사용한 침대에 카메라가 있는지 확인을 부탁했다. 확인해 보니 있다고 한다. 그러더니 자기들끼리 뭐라고 말한다. 그러다가 나에게 오늘 어디까지 가느냐고 물어본다. 오늘 우리의 계획은 묵시아까지 걸어가고 묵시아에서 피스테라는 택시를 타고 넘어갈 예정이었다. 그래서 피스테라까지 간다고 대답했다. 다시 자기들끼리 긴 대화를 주고받고 나더니 나에게 말해 주기를 오늘 올베이로아에서 출발하는 다른 순례자가 피스테라의 알베르게 뽀르 핀Albergue Por Fin에 카메라를 맡겨 놓을 테니 거기 가서 찾으면 된단다.

나는 택시를 타고 다녀온다고 택시 전화번호를 물었는데 이들은 돈을 벌려고 하기보다 내가 가진 문제를 적극적으로 나서서 해결해 주고 싶어 했다. 덕분에 나는 올베이로아로 다시 돌아갈 필요가 없어졌고, 가던 길을 계속 갈 수 있게 되었다. 스페인어를 못하는 나를 위해 자신의 갈 길도 잠시 늦추고 통역을 해 주었던 이름도 모르는 한 순례자에게 다시 한 번 감사를 전하고 싶다.

묵시아에 도착해서 사진을 찍고 피스테라로 가려고 하는 찰나에 다른 순례자들을 만났다. 나는 얼굴도 잘 기억 못 하는데 이들은 내 얼굴을 기억하고 반갑게 인사를 한다. 그리고 말하기를 "네 카메라 피스테라로 가면 찾을 수 있을 거야"라고 한다. 어제는 택시로, 오늘은 카메라로 유명 인사가 되었나 보다. 여하튼 카메라의 위치를 다시 한 번 확인했으니 이제 찾으러 가기만 하면 된다.

마침내 피스테라에 도착해서 Por Fin 알베르게를 찾아갔다. 주인에게 누가 혹시 카메라를 맡겨 놓고 갔느냐고 묻자 반가워 하면서 무언가를 꺼낸다. 내 카메라다! 스페인의 한 시골 마을에서 잃어버렸던 카메라를 이름도 모르는 사람들의 적극적인 도움을 통해 찾게 되었다. 정말 감사한 일이다. 게다가 가장 중요한 것은 카메라를 찾아 줬는데 사례비조차 받지 않는다. 감사 인사를 전하고 식사라도 대접하고 싶은데 도움을 준 사람의 얼굴은커녕 이름조차 알 수가 없다.

이름 없이 빛도 없이 단지 도움이 필요한 순례자라는 이유로 기꺼이 나를 돕는 손길이 있었던 이 순례길은 내 평생에 아름다운 기억으로 자리 잡을 것이다.

#38.
순례자를 위한 선물

순례길의 마지막은 매일 비바람과의 사투였다. 지난 30일 동안 매일 산이나 들판만 보면서 걸어왔기 때문에 바다를 본다는 생각에 들떠 있었는데 막상 순례의 마지막을 비바람으로 장식해야 한다고 생각하니 아쉬운 마음이 가득했다. 올베이로아에서 묵시아로 걸어가던 날 중간에 해가 뜨기에 드디어 비가 그쳤구나, 하고 좋아했는데 막상 눈앞에 바다가 보이자 다시 비가 내리기 시작한다. 잠시 기대를 했는데 결국은 비 내리는 바다를 보게 됐다.

기적은 묵시아가 눈앞에 보일 때 일어났다. 놀랍게도 묵시아에만 햇빛이 비치기 시작한 것이다. 저 멀리 바다에는 먹구름이 떠 있고 심지어 비가 내리는 것도 보이는데 내가 서 있는 곳은 햇빛이 비치니 그 모습이 장관이다. 마침내 모든 여정을 완주한 순례자를 위해 하나님께서 선물을 주셨다는 생각이 들었다. 나는 그렇게 믿는다.

또 다른 선물은 피스테라의 알베르게에 도착했을 때다. 뽀르 핀Por Fin 알베르게에서 카메라를 되찾은 후에 혹시 방이 있느냐고 물었다. 이 알베르게의 수용 인원이 그리 많지 않기에 당연히 꽉 찼을 줄 알았는데 뜻밖에 자리가 있다고 한다. 그런데 주인이 우리를 인도한 곳은 'PRIVADO'라고 적혀 있는 방이다. Privado는 사적인 공간이라는 말인데 알베르게의 주인은 늦게 도착한 순례자를 위해 준비해 둔 공간이라는 듯이 자연스럽게 이 사적인 공간을 내 주었다. 정말 감사한 일이다.

순례의 마지막 날은 지금까지 약 900㎞를 걸어온 순례자들의 노고를 위로하고 칭찬해 주시는 하나님의 손길을 느끼며 그렇게 흘러갔다.

#39.
십자가 밑에 나아가 내 짐을 풀었네

묵시아 대성당에서 뒤를 바라보면 언덕이 있다. 이 언덕에 올라가면 돌 십자가가 우뚝 서 있다. 우리의 순례 종착지는 묵시아기 때문에 굳이 배낭을 메고 언덕에 오르기로 했다. 내 배낭은 약 10kg이다. 결코 가벼운 무게는 아니다. 하지만 이제 순례가 끝났다고 생각하니 무겁게만 느껴지던 배낭도 더는 짐이 아니다. 배낭을 십자가 밑에 내려놓았다. 찬송가 가사가 떠오른다. '주 안에 있는 나에게 딴 근심 있으랴. 십자가 밑에 나아가 내 짐을 풀었네.'

십자가상이 순례길 중간에 있는 경우도 있지만 그렇지 않은 경우도 있다. 묵시아의 십자가상도 굳이 언덕을 올라가야만 볼 수 있다. 십자가 밑에 나아오는 사람들은 굳이 십자가를 찾아온 사람들이다. 무거운 죄지음을 십자가 밑에 모두 내려놓고 그리스도의 보혈로 용서받고자 나아왔다. 십자가는 그리스도인에게 있어 예수 그리스도의 고난, 부활, 영광을 모두 보여 주는 상징이다. 물론 배낭의 무게 10kg이 내 죄지음과 비교될 수는 없다. 하지만 약소하게나마 그리스도의 고난에 동참하는 마음으로 걸었다. 배낭을 굳이 메고 올라간 것은 내가 상징적으로 의미를 부여한 것일 뿐 이것이 성경의 가르침은 아니다. 십자가 그늘에 배낭을 내려놓으니 마침내 내 모든 순례의 여정이 끝났다.

십자가에서 내 모든 짐을 풀었으니 이제 가벼운 발걸음으로 삶의 자리로 돌아갈 때가 왔다. 순례자에서 인도자로의 삶을 시작할 때다.

Camino de Santiago

길을 떠나다

SURF

#0.
순례자의 신앙

시편 121편은 순례자의 노래라고 불리는 말씀이다. 순례자로 길 위에 섰을 때 이 순례자의 노래는 다른 누구의 노래가 아닌 나의 노래가 되었다. 시편의 저자가 고백한다.

"내가 눈을 들어 산을 본다. 내 도움이 어디에서 오는가? 내 도움은 하늘과 땅을 만드신 주님에게서 온다."(시편 121, 1-2)

시편의 저자는 순례자로 서 있다. 순례자는 평탄한 길만 다니지 않는다. 때로는 산을 넘기도 하고, 낭떠러지 옆을 지나기도 한다. 돌밭을 지나기도 한다. 또한 순례길은 빠른 길이 아니다. 굽이굽이 돌아가는 길이다.

순례자가 자신이 넘어야 할 산을 바라본다. 지금이야 산에도 길이 잘 되어 있지만 그 옛날에 길이 잘 되어 봐야 지금만 할 리가 없다. 게다가 그 산이 험한 산이라면 산짐승들이 나타날지도 모르는 노릇이다. 어쩌면 순례자는 어쩔 수 없이 밤낮으로 걷고 또 걸어야 할지도 모른다. 그러니 순례자는 힘을 얻어야만 이 길을 걸을 수 있다. 그 힘이 어디에서 올까? 음식으로부터 오는 것이 아니다. 충분한 물로부터 오는 것도 아니다. 순례자의 도움은 바로 하나님에게서 온다.

또 다른 의미로 산은 곧 산당을 말한다. 하지만 이스라엘에 있어서 산은 산당이 아닌 하나님을 예배하는 제단이다. 모세가 시내 산에서 십계명을 받았듯이, 예수께서 겟세마네 동산에 올라가서 기도 하셨듯이 이스라엘 신앙에서 산은 하나님과 가까워지는 곳이다.

순례자의 눈이 바로 이 하나님의 제단을 향한다. 하나님의 제단을 바라보니 길을 완주할 힘이 하나님에게서 나온다는 사실을 다시금 깨닫는다. 그래서 하나님 앞에 믿음의 고백을 한다. "내가 눈을 들어 보니 하나님의 제단이 보입니다! 아! 나를 도우시는 분이 바로 하늘과 땅을 창조하신 하나님입니다!" 이렇게 믿음으로 고백하고 나니 하나님의 약속이 들려온다.

"주님께서는, 네가 헛발을 디디지 않게 지켜 주신다. 너를 지키시느라 졸지도 않으신다. 이스라엘을 지키시는 분은, 졸지도 않으시고, 주무시지도 않으신다."(시편 121, 3-4)

길을 걷다 보면 가끔 옆에 낭떠러지가 있는 곳을 지난다. 산티아고 가는 길은 굉장히 잘 닦여 있는 편이지만 아무리 잘 닦인 길도 피로가 쌓인 채로 걸으면 충분히 위험할 수 있다. 게다가 길 위에는 돌멩이가 참 많다. 지금은 등산화가 참 좋아서 발목을 잡아 주는데 그렇지 않은 신발을 신고 걷다 보면 돌길에서 자칫 발을 헛디딜 수도 있다. 정신 똑바로 차리지 않고 걸으면 다칠 소지가 많다. 하지만 순례자에게 하나님이 약속하신다. "네가 헛발을 디디지 않게 지켜 주신다. 이스라엘을 지키시는 분은 졸지도 않으시고, 주무시지도 않으신다."

같은 말인데 두 번이나 반복하고 있다. 졸지도 않고 주무시지도 않는 분! 항상 깨어 있어서 순례자를 지켜보시고, 또 지켜 주시는 분, 바로 하나님이다.

90년대를 풍미한 복음성가 중에 '나의 등 뒤에서'라는 찬양 3절 가사가 딱 어울린다. "나의 등 뒤에서 나를 도우시는 주 평안히 길을 갈 땐 보이지 않아도 지치고 곤하여 넘어질 때면 다가와 손 내미시네."

반드시 순례길을 걸어야 순례자는 아니다. 일반적으로 순례자라고 하면 먼저 성지를 순례하는 사람이 순례자지만 하늘나라에 소망을 두고 그 본향을 바라보며 이 땅에서 나그네와 같은 자세로 살아가는 성도 역시 순례자라고 한다. 우리는 모두 인생길을 걷는 인생의 순례자이기도 하다. 그런데 어떤 길을 걷는 순례자든 순례자는 지칠 때가 있다.

인생길도 신앙의 길도 넓은 길이 아니다. 정직하게 사는 인생길도 좁은 길이고 신앙의 길은 말할 것도 없이 좁은 길이다. 좁은 길은 사람의 힘만으로 걸을 길이 아니다. 그래서 눈을 들어 산을, 하나님을 바라보는 것이다. 나를 지으신 하나님이 나를 도우시는 분이라고 순례자가 고백하고 있지 않은가? 이것은 곧 나의 고백이기도 했다. 하나님께서 나의 등 뒤에 계시면서 내 갈 길을 지켜주시고 밝혀 주신다는 믿음의 고백을 올리며 주님과 함께 걷는 순례길의 여정이었다.

평안히 길을 갈 때는 하나님이 보이지 않을 수도 있다. 하지만 순례자가 지쳐서 더는 못 가겠다고 주저앉아 있을 때는 조용히 다가와서 손을 내밀어 주신다. 순례자는 그 손을 붙잡고 일어나 다시 걸어야 한다.

계속해서 하나님의 약속이 들려 온다. "주님은 너를 지키시는 분, 주님은 네 오른쪽에 서서, 너를 보호하는 그늘이 되어 주시니, 낮의 햇빛도 너를 해치지 못하며, 밤의 달빛도 너를 해치지 못할 것이다. 주님께서 너를 모든 재난에서 지켜 주시며, 네 생명을 지켜 주실 것이다. 주님께서는, 네가 나갈 때나 들어올 때나, 이제부터 영원까지 지켜 주실 것이다."(시편 121,5-8)

시편 저자의 신앙 고백은 실로 놀랍다. 하지만 순례자를 지켜 주신다는 것이 인생 가운데 위험이 전혀 없어진다는 것은 아니다.

길 위에서 비바람을 참 많이 맞았다. 바람이 세게 부니까 빗방울이 심지어 따가웠다. 하나님 열심히 믿어도 우리 삶에 비바람은 불어온다. 순례자의 노래를 백 번 천 번 불러도 비는 내린다. 해도 쨍쨍하게 비치고 달도 매일 모양을 달리하며 나타난다. 모든 환난에서 지켜 주신다는 것이 환난을 만나지 않는다는 말은 아니다. 환난도 만난다. 하지만 하나님이 순례자에게 말씀하신다.

"주님께서 너를 모든 재난에서 지켜 주시며, 네 생명을 지켜 주실 것이다. 주님께서는, 네가 나갈 때나 들어올 때나, 이제부터 영원까지 지켜 주실 것이다."

살다 보면 넘어질 수 있다. 하지만 넘어지는 것이 다가 아니다. 위기에 봉착하면 순례자가 찾을 것은 하나님밖에 없다. 그런데 순례자에게 말씀하시는 하나님은 여기서 한 발 더 나아가서 먼저 다가오시는 하나님이다. "지치고 곤하여 넘어질 때면 다가와 손 내미시네!" 그리고 말씀하신다. "일어나 걸어라. 내가 새 힘을 주리니. 일어나, 너 걸어라. 내 너를 도우리."

순례자의 신앙은 넘어져도 다시 일어나는 신앙이다. 순례자의 노래는 평탄한 왕의 대로를 갈망하는 1차원적인 시가 아니다. 인생길 가운데 다가오는 시련을 모두 인정하면서 그럴지라도 하나님으로부터 다시 일어날 새 힘을 얻을 수 있다는 신앙고백이자 하나님의 약속 그 자체다. 순례자의 노래는 사람이 다른 사람에게 축복하는 노래가 아니다. 하나님께서 친히 나를 위해 불러 주시는 노래다. 그렇기에 순례자는 순례자의 노래를 부르며 자신의 짐을 지고 주어진 길을 묵묵히 걸어가는 것이다. 순례자의 신앙은 궂은 길도 하나님과 함께 동행하니 걸어갈 수 있다고 고백하는 신앙이다.

하나님은 너를 지키시는 자 너의 우편에 그늘 되시니
낮의 해와 밤의 달도 너를 해치 못하리
하나님은 너를 지키시는 자 너의 환난을 면케 하시니
그가 너를 지키시리라 너의 출입을 지키시리라
눈을 들어 산을 보아라 너의 도움 어디서 오나
천지 지으신 너를 만드신 여호와께로다

〈정성실 - 하나님은 너를 지키시는 자〉